BRAD STRAWN & WARREN BROWN

COLEÇÃO FÉ, CIÊNCIA & CULTURA

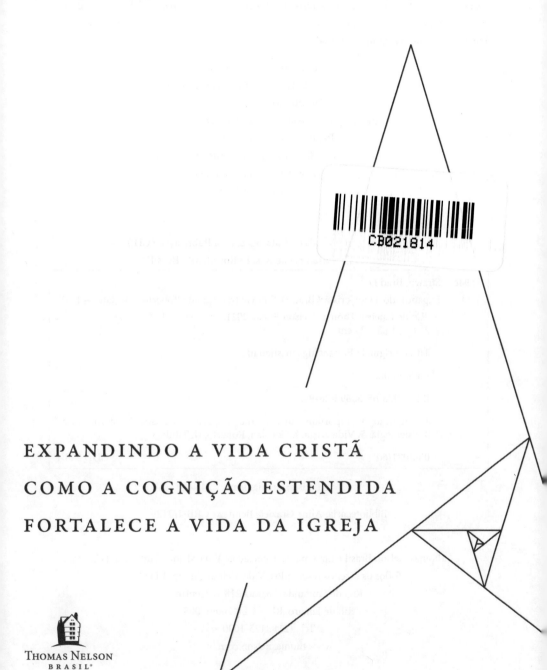

**EXPANDINDO A VIDA CRISTÃ
COMO A COGNIÇÃO ESTENDIDA
FORTALECE A VIDA DA IGREJA**

Thomas Nelson
BRASIL

Título original: *Enhancing Christian Life*
Copyright © 2020 por Warren S. Brown and Brad D. Strawn. Todos os direitos reservados.
Copyright de tradução © Vida Melhor Editora LTDA., 2021.

Os pontos de vista desta obra são de responsabilidade de seus autores e colaboradores diretos, não refletindo necessariamente a posição da Thomas Nelson Brasil, da HarperCollins Christian Publishing ou de sua equipe editorial.

PUBLISHER *Samuel Coto*
EDITOR *André Lodos Tangerino*
TRADUÇÃO *Roberto Covalan*
PRODUÇÃO EDITORIAL *Marcelo Cabral*
PREPARAÇÃO *Marcelo Cabral*
REVISÃO *Davi Freitas e Gabriel Braz*
DIAGRAMAÇÃO *Aldair Dutra de Assis*
CAPA *Rafael Brum*

Dados Internacionais de Catalogação na Publicação (CIP)
(BENITEZ Catalogação Ass. Editorial, MS, Brasil)

S894e Strawn, Brad D.	
1.ed. Expandindo a vida cristã / Brad D. Strawn; tradução de Roberto Covalan. — 1.ed. — Rio de Janeiro: Thomas Nelson Brasil, 2021.	
224 p.; 15,5 x 23 cm.	
Título original : Enhancing christian life.	
Bibliografia.	
ISBN: 978-65-56892-26-9	
1. Cognição - Comportamento. 2. Mente - Aspectos religiosos. 3. Neurociência. 4. Psicologia. 5. Vida cristã. I. Covolan, Roberto. II. Título.	
05-2021/60	CDD 248.4

1. Vida cristã: Cristianismo   248.4

Bibliotecária: Aline Graziele Benitez - CRB-1/3129

Thomas Nelson Brasil é uma marca licenciada à Vida Melhor Editora LTDA.
Todos os direitos reservados. Vida Melhor Editora LTDA.
Rua da Quitanda, 86, sala 218 — Centro
Rio de Janeiro, RJ — CEP 20091-005
Tel.: (21) 3175-1030
www.thomasnelson.com.br

Sumário

Coleção fé, ciência e cultura 9
Prefácio à edição brasileira 11
Agradecimentos 13
Prólogo. 15

   I. A natureza da pessoa
      1. Mentalizando a vida cristã. 27
      2. Espiritualidade moderna 41

   II. A natureza das pessoas
      1. Mentalizando corpos 61
      2. Mentes além dos corpos. 87
      3. Mente além do indivíduo. 103

   III. A natureza da igreja
      1. A igreja e "minha espiritualidade" 125
      2. A vida "individual" do cristão. 153
      3. As *wikis* da vida cristã 169
      4. Coisas ditas e não ditas 185
      5. Metáforas de um novo paradigma 197

Bibliografia 207
Índice Remissivo. 217
Índice das Escrituras 219
Índice de Nomes. 221

Coleção Fé, Ciência e Cultura

Há pouco mais de sessenta anos, o cientista e romancista britânico C. P. Snow pronunciava na *Senate House*, em Cambridge, sua célebre conferência sobre "As Duas Culturas" — mais tarde publicada como "As Duas Culturas e a Revolução Científica" —, em que, não só apresentava uma severa crítica ao sistema educacional britânico, mas ia muito além. Na sua visão, a vida intelectual de toda a sociedade ocidental estava dividida em *duas culturas*, a das ciências naturais e a das humanidades,[1] separadas por "um abismo de incompreensão mútua", para enorme prejuízo de toda a sociedade. Por um lado, os cientistas eram tidos como néscios no trato com a literatura e a cultura clássica, enquanto os literatos e humanistas — que furtivamente haviam passado a se autodenominar *intelectuais* — revelavam-se completos desconhecedores dos mais basilares princípios científicos. Esse conceito de *duas culturas* ganhou ampla notoriedade, tendo desencadeado intensa controvérsia nas décadas seguintes.

O próprio Snow retornou ao assunto alguns anos mais tarde, no opúsculo traduzido para o português como "As Duas Culturas e Uma Segunda Leitura", em que buscou responder às críticas e aos questionamentos dirigidos à obra original. Nesta segunda abordagem, Snow amplia o escopo de sua análise ao reconhecer a emergência de uma *terceira cultura*, na qual envolveu um apanhado de disciplinas — história social, sociologia, demografia, ciência política, economia, governança, psicologia, medicina e arquitetura —, que, à exceção de uma ou outra, incluiríamos hoje nas chamadas ciências humanas.

O debate quanto ao distanciamento entre essas diferentes culturas e formas de saber é certamente relevante, mas nota-se nessa discussão a "presença de uma ausência". Em nenhum momento são mencionadas áreas

---

[1] Aqui, deve-se entender o termo "humanidades" como o campo dos estudos clássicos, literários e filosóficos.

como teologia ou ciências da religião. É bem verdade que a discussão passa ao largo desses assuntos, sobretudo por se dar em ambiente em que o conceito de laicidade é dado de partida. Por outro lado, se a ideia de fundo é diminuir distâncias entre diferentes formas de cultivar o saber e conhecer a realidade, faz sentido ignorar algo tão presente na história da humanidade — por arraigado no coração humano — quanto a busca por Deus e pelo transcendente?

Ao longo da história, testemunhamos a existência quase inacreditável de polímatas, pessoas com capacidade de dominar em profundidade várias ciências e saberes. Leonardo da Vinci talvez tenha sido o mais célebre dentre elas. Como essa não é a norma entre nós, a especialização do conhecimento tornou-se uma estratégia indispensável para o seu avanço. Se, por um lado, isso é positivo do ponto de vista da eficácia na busca por conhecimento novo, é também algo que destoa profundamente da unicidade da realidade em que existimos.

Disciplinas, áreas de conhecimento e as *culturas* aqui referidas são especializações necessárias em uma era em que já não é mais possível — nem necessário — deter um repertório enciclopédico de todo o saber. Mas, como a realidade não é formada de compartimentos estanques, precisamos de autores com capacidade de traduzir e sintetizar diferentes áreas de conhecimento especializado, sobretudo nas regiões de interface em que essas se sobrepõem. Um exemplo disso é o que têm feito respeitados historiadores da ciência ao resgatar a influência da teologia cristã da criação no surgimento da ciência moderna. Há muitos outros.

Assim, é com grande satisfação que apresentamos a coleção *Fé, Ciência e Cultura*, através da qual a editora Thomas Nelson Brasil disponibilizará ao público leitor brasileiro um rico acervo de obras que cruzam os abismos entre as diferentes culturas e modos de saber, e que certamente permitirá um debate informado sobre grandes temas da atualidade, examinados a partir da perspectiva cristã.

Marcelo Cabral e Roberto Covolan
Editores

Prefácio à Edição Brasileira

Em sua obra *As fontes do self*, Charles Taylor aponta para o fato de que, embora usualmente vista como universal, nossa ideia de "interioridade", ou *self*, é, na realidade, um produto histórico da modernidade ocidental:

> Em nossas linguagens de autocompreensão, a oposição "dentro-fora" representa um papel importante. Julgamos que nossos pensamentos, ideias ou emoções estão "dentro" de nós, enquanto os objetos do mundo com os quais esses estados mentais se relacionam estão "fora". Ou então pensamos em nossas capacidades ou potencialidades como "interiores", à espera do desenvolvimento que as manifestará ou realizará na esfera pública. (...) No entanto, por mais forte que nos pareça essa divisão do mundo, por mais sólida que nos pareça essa geografia, ancorada na própria natureza do agente humano, ela é, em grande parte, uma característica de nosso mundo, o mundo dos ocidentais modernos.[2]

Embora as raízes dessa visão possam ser encontradas em tempos bastante longínquos, como, por exemplo, em Platão ou, no caso da cristandade, em Agostinho, é em Descartes e na modernidade que ela se consolida.

Saltando para tempos mais atuais, o paradigma do computador, amplamente influente nas ciências cognitivas da segunda metade do século 20, acrescentou a essa visão de interioridade uma faceta técnica e um charme cibernético. Assim, a filosofia da mente e as ciências cognitivas consideravam o corpo como periférico para se compreender a natureza da mente e da cognição. De acordo com essa visão, cognição é um tipo de processamento informacional que consiste na manipulação sintaticamente orientada de esquemas mentais representacionais, realizada essencialmente por meio de processos computacionais cerebrais e explicável apenas por meio desses processos.

No entanto, este início do século 21 assistiu à consolidação de uma nova vertente das ciências cognitivas, cujas raízes podem ser encontradas

---

[2] TAYLOR, Charles. *As fontes do self: a construção da identidade moderna*. 4. ed. (São Paulo: Edições Loyola, 2013), p. 149.

em filósofos influentes do século passado, como Edmund Husserl, Martin Heidegger e Maurice Merleau-Ponty, entre outros. Segundo essa vertente, os processos cognitivos não envolvem apenas operações cerebrais abstratas realizadas por meio de processamento simbólico-computacional; dependem, fundamentalmente, das características do corpo físico do agente (cognição corporificada) e de suas interações com o ambiente externo (cognição estendida). Ou seja, além do cérebro, alguns aspectos do corpo do agente e/ou de seu meio circunstante desempenham papel causal e fisicamente constitutivo, mostrando-se significativos para o processamento cognitivo.

Brad Strawn e Warren Brown, psicólogos e professores do Seminário Teológico Fuller (Pasadena, EUA), exploram esse novo ferramental teórico para, através da visão de cognição estendida, investigar a natureza da espiritualidade sob uma perspectiva relacional, interpessoal e comunitária. Ao fazer isso, apresentam uma nova perspectiva sobre a essência da vida cristã, que inclui, sempre, o que está além de nós. Nas palavras dos próprios autores, "muito do que experimentamos como nossa própria vida cristã não pode ser atribuído apenas a nós mesmos, mas deve ser visto como o produto de uma vida estendida, que é codeterminada e estruturada por nosso compromisso com o corpo de Cristo".

O conteúdo deste livro não é só interessante do ponto de vista científico e filosófico. Ele tem implicações *centrais* para o *futuro da vida e do testemunho da igreja*. Em uma era cada vez mais virtual e impessoal, nossa tendência a abandonar práticas tradicionais, encontros presenciais e interações pessoais tem-se tornado cada vez mais determinante. Por que trocar o conforto do meu sofá por um encontro físico? Será que vale a pena me envolver na vida das pessoas e permitir que elas se envolvam na minha?

É muito provável que a pandemia da Covid-19 tenha consequências profundas e duradouras sobre a vida social. Precisamos de ricos recursos para compreender por que e como a Bíblia e a ciência nos convidam para uma vida que vai além dos muros do nosso *self*. Nossa própria capacidade de *sermos* humanos — e discípulos de Jesus — pode depender disso.

Marcelo Cabral e Roberto Covolan
Editores

Agradecimentos

Uma premissa deste livro é que o que tendemos a atribuir a nós mesmos — nossas próprias mentes e intelectos, bem como nossa vida cristã — são, na realidade, pensamentos, ideias, características, capacidades e estruturas conceituais resultantes da contribuição de outras pessoas. Como aconteceu com nosso livro anterior, *The Physical Nature of Christian Life* [A natureza física da vida cristã], as próprias ideias que foram incluídas neste livro foram ampliadas por ideias que encontramos ao ler livros de outras pessoas e em discussões com colegas, alunos e amigos. Somos gratos por termos tido o privilégio de sermos acolhidos em um ambiente tão rico de pensamentos e ideias.

Nós, os autores, somos produtos de histórias de vida acadêmica e profissional que influenciaram significativamente nosso pensamento sobre os tópicos deste livro. Na seção de agradecimentos do nosso livro anterior, reservamos espaço para expressar reconhecimento às pessoas e ideias importantes, que fazem parte de nossas histórias particulares. No entanto, além dessas influências históricas gerais, existem pessoas e livros específicos que têm sido nossos guias (e incentivos) ao longo da elaboração deste livro.

Fomos particularmente influenciados pelos escritos do filósofo Andy Clark, como ficará evidente na frequência em que ele é citado. As ideias de Clark sobre inteligência e mente constituem o cerne de nossa exposição sobre a natureza da vida cristã. Outros livros que contribuíram para o nosso pensamento estão listados na bibliografia ao final deste livro.

Nosso colega Kutter Callaway, da Faculdade de Teologia do Seminário Teológico Fuller, teve a gentileza de ler uma primeira versão deste livro e fornecer uma avaliação valiosa, que nos levou a fazer melhorias na apresentação de nossos pensamentos. Nicole Jones, estudante de pós-graduação em teologia do Fuller, também leu a versão anterior e nos deu um *feedback* muito necessário, especialmente com respeito à nossa análise de experiências religiosas cristãs. A reverenda Tara Beth Leach dedicou tempo de sua função como pastora titular e autora para nos fornecer uma perspectiva pastoral muito frutífera. Dennis Vogt, um amigo culto e pessoa que pensa abertamente sobre a igreja e a vida cristã, ofereceu-nos comentários valiosos sobre vários pontos ao longo do caminho que influenciaram significativamente nossos pensamentos. Por fim, somos gratos a Jon Boyd, diretor editorial da IVP Academic, por suas proveitosas e perspicazes sugestões para as revisões deste livro.

Prólogo

FIGURAS OCULTAS

Provavelmente, a maior conquista científica e de engenharia da segunda parte do século 20 foi o programa espacial dos Estados Unidos — os voos orbitais terrestres dos foguetes *Mercury* e *Gemini*, e os voos em órbitas lunares e pousos das naves *Apollo*. Todos nós vimos vídeos (ou nos lembramos de ter assistido ao vivo) os lançamentos do Cabo Canaveral, às cenas de atividade na sala de controle de voo e os primeiros passos de Neil Armstrong na Lua. Toda essa façanha foi uma grande conquista intelectual e de engenharia, que obviamente não poderia ter sido realizada por um único indivíduo ou mesmo por um pequeno grupo. O sucesso exigiu uma enorme rede de pessoas interagindo umas com as outras, compartilhando os resultados de seu trabalho científico e de engenharia, e usando as ferramentas disponíveis para ampliar suas capacidades mentais, tendo em vista o complexo trabalho do projeto.

Conforme retratado no filme *Estrelas Além do Tempo*,[1] um grupo de matemáticas afro-americanas especializadas servia como "computadores humanos" em projetos espaciais da NASA, antes que os computadores digitais eletrônicos se tornassem disponíveis. Cálculos extensos e complexos necessários aos engenheiros e cientistas eram atribuídos a esse grupo. Os processos cognitivos dos cientistas eram, portanto, estendidos e enriquecidos pelo trabalho dessas mulheres, permitindo que os cientistas se concentrassem em questões mais amplas. No entanto, o trabalho dessas mulheres era ocultado, tanto no sentido de que estavam enclausuradas no porão de outro edifício como no sentido de que seu trabalho era subestimado pelos engenheiros e cientistas do projeto. As desigualdades e injustiças raciais inerentes a todo esse triste cenário é o tema central do filme. Contudo, essa história ilustra claramente o que desejamos discutir neste livro. Os

---

[1] *Hidden Figures* (Figuras ocultas) é o título original do filme. (N. T.)

cientistas e engenheiros da NASA dependiam muito dessas mulheres para estender e completar os processos mentais envolvidos em seu trabalho científico. No entanto, como é da natureza humana, eles presumiam que o valor e a contribuição dos cálculos que essas mulheres realizavam deviam-se unicamente às suas próprias realizações intelectuais. O grau em que as mulheres estendiam e enriqueciam o trabalho mental deles estava oculto.

O filósofo da mente Andy Clark argumenta que nenhum de nós é tão inteligente quanto pensamos que somos, especialmente se forem retiradas de nós coisas que aumentam nossas capacidades — os instrumentos que usamos, a influência intelectual obtida nas interações com outras pessoas e as contribuições para o nosso pensamento da história acumulada pelo trabalho de outros. Em vários aspectos, nossas habilidades cognitivas são significativamente enriquecidas pela nossa capacidade de *estender* nossas redes de processamento mental presente, de forma a *incluir* os instrumentos disponíveis, outras pessoas e conhecimentos, habilidades e práticas que constituem nosso campo particular de trabalho.

Este livro é sobre as figuras ocultas da vida cristã. Nossa premissa é que, quando excluímos as contribuições de outras pessoas, particularmente daquelas que pertencem ao nosso corpo local de fiéis, não somos tão espirituais quanto acreditamos ser. Costumamos presumir que a nossa espiritualidade e vida cristã são atribuíveis a nós como indivíduos. Mas, dentro das redes de vivência de todos os cristãos, estão figuras ocultas que propiciam e enriquecem nossa vida cristã — isso é verdadeiro e necessário, pelo menos, com respeito a uma vida cristã mais rica e robusta, conforme vamos argumentar.

ESTENDENDO A VIDA CRISTÃ

"*Eu* não sou cristão."

Essa é uma declaração que nós (Brad e Warren) podemos fazer — com ênfase na palavra "eu" —, apesar de termos compromissos muito significativos com a fé e a vida cristã. A declaração complementar (sem a qual a primeira declaração é enganosa) é: "*Nós* somos cristãos". Existem incontáveis "outros" ocultos e não reconhecidos que estão operando na história de nossa vida cristã.

Este livro é sobre a veracidade dessas declarações, pelo menos conforme entendidas dentro da estrutura conceitual que propomos. Ou seja, estamos tentando repensar a vida cristã dentro do contexto da moderna teoria sobre a natureza da mente humana. A teoria da *cognição estendida* defende que as capacidades mentais humanas (cognição) são significativamente ampliadas ("expandidas") por artefatos, pessoas e instituições que constantemente encontramos e com as quais nos engajamos. Assim como aquelas mulheres ocultas foram centrais para o sucesso do programa espacial, existem numerosos "outros" ocultos, mas, ainda assim, fortemente influentes, em ação em nossa vida cristã. Portanto, qualquer descrição de nossa inteligência é incompleta sem a inclusão de fatores que estão *fora* de nosso cérebro e de nosso corpo. Nas discussões sobre cognição estendida, pode-se dizer: "Eu não sou inteligente, nós é que somos". Aqui, o "nós" incluiria não apenas outras pessoas, mas também muitos artefatos que aumentam a inteligência e que nos são disponibilizados por meio da criatividade de outras pessoas. Nós tentaremos aqui repensar como a vida cristã pode ser enriquecida — na verdade, expandida — por aquilo que está fora do nosso eu individual.[2]

Nós dois fomos formados na fé cristã em torno de uma ideia implícita (e às vezes explícita) de que ser cristão era uma realização individual. Estava claro que nosso cristianismo (nossa "espiritualidade") dependia do que, em nós mesmos, éramos ou nos tornávamos. O que era crítico nessa visão era o *status* atual de uma alma interior, privada e individual — um *status* indexado externamente por manifestações de piedade e internamente por experiências e sentimentos espirituais subjetivos. Desse ponto de vista, ser cristão tem a ver, sobretudo, com quem cada um de nós é como um indivíduo isolado.

Ao contrário das histórias de nossa formação inicial, vamos argumentar aqui que a fé e a vida cristãs existem principalmente (mas não exclusivamente) dentro de uma rede de relacionamentos que serve para enriquecer a vida cristã, estendendo-nos para além do que somos capazes como indivíduos independentes, privados e isolados. Acreditamos que a *extensão* (uma palavra que ganhará cada vez mais significado à medida que

---

[2] O termo "supersizing" [aqui traduzido por "expandindo"] vem de um livro do filósofo da mente Andy Clark, *Supersizing the Mind: Embodiment, Action, and Cognitive Extension* [Expandindo a mente: corporização, ação e extensão cognitiva] (Oxford, Reino Unido: Oxford University Press, 2011).

progredirmos) de nós mesmos para uma rede de pessoas e práticas cristãs serve para "expandir" a vida cristã para muito além da versão diminuta que somos capazes de estabelecer por conta própria. Assim, vamos tentar pintar um quadro de como a vida cristã pode ser expandida — isto é, tornada maior, mais completa, mais eficaz e mais significativamente cristã — quando nos engajamos com pessoas, artefatos e sistemas fora de nós, mas que estão dentro de nosso espaço extrapessoal estendido. Em última análise, vamos defender que a ideia de cognição estendida e expansão da vida cristã diminui a distinção entre o cristianismo individual e o corporativo. Dificilmente podemos ter um sem o outro.

PLANO GERAL DESTE LIVRO

Vamos desenvolver a nossa tese em três seções. Na Seção 1, começamos com uma breve visão geral de algumas questões importantes sobre a natureza humana, bem como com um esboço rápido de nossos argumentos básicos (Capítulo 1). Visto que estamos lidando com informações de um domínio peculiar (filosofia da mente), pensamos que seria útil delinear no início, de forma muito aproximada, todo o escopo do argumento. Para deixar claro o ponto de vista oposto, damos seguimento a esse amplo esboço com uma análise do que é atualmente a compreensão predominante da vida cristã — especificamente a ênfase na "espiritualidade" individual, interna e privada (Capítulo 2).[3]

A Seção 2 apresenta, de forma mais completa e detalhada, a base teórica de nosso trabalho. Primeiro, revisamos as ideias sobre a corporização [embodiment] da natureza humana — ou seja, a ideia de que somos corpos — e não "corpos mais almas não físicas", nem "corpos mais mentes imateriais" (Capítulo 3). Esse capítulo reexamina muitos dos argumentos de nosso livro anterior, *The Physical Nature of Christian Life* [A natureza física da vida cristã].[4] Em seguida, passamos dois capítulos descrevendo conceitos e

---

[3] Estamos falando particularmente da espiritualidade cristã evangélica norte-americana, embora outros ramos do cristianismo possam apresentar desafios semelhantes.
[4] Warren S. Brown e Brad D. Strawn, *The Physical Nature of Christian Life: Neuroscience, Psychology, and the Church* [A natureza física da vida cristã: neurociência, psicologia e a igreja] (Cambridge, UK: Cambridge University Press, 2012).

implicações diversos da cognição estendida. Aqui, relacionamos ideias sobre *mente estendida*, conforme são discutidas na moderna filosofia da mente, tomando emprestado muito do livro do filósofo Andy Clark, *Supersizing the Mind* [Expandindo a mente]. Descrevemos o grau em que as mentes humanas, embora físicas, não podem ser consideradas limitadas à atividade do cérebro, ou mesmo do cérebro e do corpo, mas são constituídas pelo acoplamento de cérebro, corpo e *mundo*. A mente não se limita à constituição física do cérebro ou à relação cérebro-corpo. No Capítulo 4, explicamos como nós, enquanto indivíduos, interagimos com vários artefatos físicos, de modo a aumentar nossas capacidades mentais para além de nossas limitações humanas normais. Em seguida, mencionamos a importante ideia sobre como a inteligência e a mente são expandidas no contexto das interações humanas (Capítulo 5). Aqui, a ideia mais importante é como nos juntamos a outras pessoas em extensão recíproca, que expande as atividades comuns. Esperamos que tudo isso deixe claro que a inteligência humana se manifesta de forma mais robusta na forma como nos relacionamos funcionalmente e incorporamos (ou seja, como nos conectamos a) nossos ambientes físicos e sociais, em vez de operarmos como indivíduos isolados.

Na Seção 3, tentamos descobrir as implicações de uma mente estendida no contexto da vida cristã. Primeiro, pensamos sobre a valorização da vida cristã na rede de relacionamentos que constituem (ou deveriam constituir) a igreja (Capítulo 6). Aqui, estaremos particularmente focados no surgimento de uma vida vigorosa no corpo [metáfora para a igreja] e no grau em que isso constitui uma vida que está além do alcance de um cristão individual. Embora este livro tenha como foco o "nós" da vida cristã, a vida em grupo tem impacto sobre os indivíduos. As pessoas são formadas como cristãs no contexto de sua vida acolhida e estendida dentro do corpo. Assim, no Capítulo 7, abordamos a questão da relação entre a formação cristã individual e sua conexão com as igrejas e congregações. Finalmente, no Capítulo 8, recorremos às fontes de extensão da vida cristã que estão além dos grupos atuais de pessoas com quem cultuamos e vivemos como cristãos. Nesse capítulo, consideramos as fontes da extensão da vida cristã que estão presentes nas tradições, nos ensinamentos, nas histórias e nas práticas cristãs — isto é, a extensão ao acúmulo histórico da sabedoria e das práticas da vida cristã.

No Capítulo 9, abordamos duas questões que, antecipamos, ocorrerão na mente de alguns leitores. A primeira é: onde está esta igreja que promove a relação estendida entre seus membros dentro da vida da igreja — isto é, que permite que os indivíduos se conectem ativamente à *ecclesia* de maneiras que possam expandir a vida cristã? Outra questão que pode confundir o leitor diz respeito ao fato de enfocar a natureza humana em vez da natureza de Deus. Visto que o nosso foco é sobre pessoas e grupos humanos (congregações), enfatizamos as propriedades *imanentes* da obra de Deus na vida dos cristãos mediada pelo corpo terreno de Cristo. Tendo isso como nossa tarefa, não falamos muito sobre os aspectos *transcendentes* da obra de Deus na vida cristã. Acreditamos que a atividade transcendente de Deus (não mediada e "totalmente outra") seja uma parte importante da grande história, mas não a parte da história com a qual lidamos neste livro. Nosso foco serão as maneiras pelas quais os indivíduos podem transcender social e eclesiasticamente seus "eus" isolados dentro da atividade contínua e imanente de Deus por meio de seu povo. Uma maneira poderosa de ampliar (expandir) a vida cristã é por meio da atividade imanente de Deus nos relacionamentos humanos — notadamente na vida da igreja.

Finalmente, o Capítulo 10 conclui o livro com três metáforas conceituais que ilustram e contextualizam a natureza geral do novo paradigma da vida cristã e da igreja que estivemos discutindo. Falamos sobre a extensão da mente ao navegar em um grande navio; sobre as extensões cognitivas ocultas que faziam parte do projeto espacial dos Estados Unidos; e sobre a metáfora paulina da igreja como corpo, em sua carta aos Romanos.

PARA QUEM ESTAMOS ESCREVENDO E POR QUE ISSO IMPORTA

Pastores. Para os pastores (que entendemos como teólogos práticos trabalhando nas trincheiras da vida diária e do ministério), as ideias expressas neste livro serão úteis na reconceitualização da vida da igreja, de forma a evitar algumas armadilhas da superprofissionalização do ministério. É tentador entender a igreja como uma estrutura hierárquica, na qual o clero profissional é inteiramente responsável por expor a visão, planejar e implementar o ministério. Os leigos ficam contagiados por essa visão, passando a entender a igreja como um empreendimento pré-planejado e programático, em vez de vê-la como uma comunidade interativa, em que a vida e o ministério surgem de dentro do corpo. Esperamos que este livro venha fornecer uma nova linguagem e perspectiva para conceituar a vida da igreja e a liderança pastoral.

Estudantes aspirantes a vários ministérios. Nossas esperanças e preocupações com os pastores também se traduzem em perspectivas que consideramos úteis ao treinamento de estudantes para o ministério (paroquial ou paraeclesial, incluindo ministérios auxiliares, como profissões voltadas à saúde mental, baseadas na fé). Esperamos que as ideias que apresentamos inspirem a imaginação sobre como desenvolver uma vigorosa comunidade de vida e fé.

Os seminários frequentemente tentam incutir o pensamento teológico correto (ortodoxia cristã) em seus alunos. Embora isso seja importante, a ortopraxia (ou seja, o viver correto) é igualmente importante. Os seminaristas, muitas vezes, não se sentem tão bem treinados em questões de ortopraxia quanto se sentem na ortodoxia. Uma ortopraxia robusta deve integrar a teologia prática com o melhor que sabemos atualmente sobre a natureza das pessoas (física, cognitiva e social). Este livro abrirá alguns tópicos na compreensão atual da natureza humana e os colocará em diálogo com a teologia prática e a vida da igreja local.

Leigos envolvidos no ministério. É nossa esperança que os leigos que lerem este livro venham a entender que a igreja não é o clero, a denominação ou seus ritos e práticas específicos, ou mesmo a doutrina, mas, sim, um grupo de seguidores de Cristo, que se entendem como incorporados, engajados, atuando e estendendo-se às vidas uns dos outros pelo bem do mundo e para a glória de Deus.[5] É importante a forma *como* você está conectado ao corpo de Cristo, não apenas para a sua própria vida cristã, mas também para o bem da vida de todo o corpo. Nossa vida cristã se torna mais robusta e expandida à medida que nos conectamos à rede interdependente de congregantes que constitui a igreja local. Se ficarmos

---

[5] Frequentemente, o texto trará expressões que se originam de uma nova vertente das ciências cognitivas, às vezes referida como *4E cognition*, em que *4E* refere-se a *embodied, extended, embedded* e *enacted*. Assim, fala-se, por exemplo, em mente estendida (*extended mind*) e cognição incorporada ou corporificada (*embodied cognition*). Esses conceitos, centrais para os argumentos deste livro, serão mais claramente definidos adiante. (N. T.)

de lado, em nossa individualidade "espiritual", cairemos na armadilha de transferir as narrativas culturais do consumismo, da gestão executiva e do entretenimento para a história de nossas vidas. Uma abordagem individualista da vida cristã e da igreja resulta no que não é um corpo genuíno de Cristo, mas, sim, uma não-igreja — isto é, "uma associação frouxa de pessoas independentemente espirituais".[6]

PONTOS DE ESCLARECIMENTO

Antes de começar, é importante deixar claros dois pontos. Primeiro, o que queremos dizer quando usamos o termo *igreja*? Isso ficará mais claro à medida que você for lendo o livro, mas podemos sugerir algo já aqui. *Não* nos referimos necessariamente a um edifício, a governo formal, a comitês ou mesmo a artigos de fé (embora todos tenham o seu lugar). O que *realmente* queremos dizer é um corpo local de cristãos que se reúnem regularmente para culto, formação e serviço. Mas, para ser uma igreja, o grupo local deve tornar-se interativamente entrelaçado de tal forma que a extensão aconteça (falaremos muito mais sobre isso à medida que prosseguirmos). Existem práticas da fé cristã que, quando realizadas de modo a fomentar uma fé estendida, suscitam uma vida cristã mais plena e robusta. Mesmo que uma igreja não seja formalmente constituída (com denominação, edifício, governo explícito ou doutrina declarada), provavelmente incluiria práticas históricas da igreja, uma vida baseada nas Escrituras e foco em serviços internos e externos. Finalmente, da forma como a entendemos, a igreja é sempre local, particular e contextualizada. Novamente, a igreja, como a descrevemos, não é criada pela inteligência e a força de vontade de seres humanos trabalhando juntos como um clube social. Reconhecemos o poder do Espírito Santo para operar por meio de processos naturais (que tentamos descrever) para fazer da igreja o que ela é.

Um segundo ponto a esclarecer é que, ao falarmos neste livro sobre os benefícios ampliadores da extensão e do "acoplamento tênue" interativo, há uma noção implícita de que esses processos resultam necessariamente

---

[6] Brown; Strawn, *The Physical Nature of Christian Life* [A natureza física da vida cristã], p. 139.

no que é mais benéfico, edificante e cristão. No entanto, devemos advertir nossos leitores (como, muitas vezes, advertimos a nós mesmos) de que é possível estender interativamente e amplificar aquilo que se autodenomina cristão, mas que é, em última análise, prejudicial, limitador de vida, carente de virtude cristã e/ou teologicamente herético. Todos nós podemos imaginar igrejas (ou talvez tenhamos participado de igrejas) em que o que é expandido não é o melhor da vida cristã.

Finalmente, nossa esperança e oração é que vocês, nossos leitores, adquiram uma imaginação mais rica da vida cristã, que não se contentem facilmente com escassas opções individualistas, mas que vejam a possibilidade de a vida cristã ser expandida para aquilo que está além de vocês como indivíduos, e acessível em um corpo de cristãos — isto é, na vida da igreja. Parte dessa imaginação mais rica envolve uma valorização das figuras ocultas em nossa vida cristã.

SEÇÃO 1

A natureza da pessoa

COMO INDICADO EM NOSSO PRÓLOGO, estamos preocupados com a veracidade da declaração: "*nós* somos cristãos". Essa declaração implica um afastamento de uma compreensão da fé e da vida cristã como realizações individuais, além de um movimento em direção à compreensão do grau em que a fé e a vida são constituídas e ampliadas pela extensão de nós mesmos à vida corporativa do corpo de Cristo, que constitui uma congregação local.

No Capítulo 1, esboçaremos as linhas gerais da natureza de nossos argumentos, particularmente as ideias da teoria da cognição estendida, que fundamentam nossa revisão da natureza da vida cristã. Descreveremos nossa preocupação com as consequências da visão predominante das pessoas como sendo constituídas por duas partes, um corpo e uma alma, privilegiando a alma e desconsiderando ou desvalorizando o corpo. Essa visão desempenha papel crítico em estimular a compreensão atual da espiritualidade como interior e privada. Em vista disso, descreveremos brevemente a ideia alternativa de que as pessoas são corporificadas [*embodied*] (corpos, e não "corpos mais almas"); estão inseridas [*embedded*] em ambientes físicos, sociais e culturais; e estendem seus processos mentais de forma a incluir as ferramentas e outras pessoas com quem estão engajadas em dado momento. Essa visão também defende que os seres humanos são hábeis em incorporar o que está fora de seus cérebros e corpos, a fim de enriquecer [*enhance*] (expandir [*supersize*]) os processos mentais.

As ideias de cognição corporificada e estendida levantam questões sobre a natureza da espiritualidade e do cristianismo. Por exemplo: acaso essa natureza está dentro de nós como indivíduos ou existe (parcial ou totalmente) nos espaços interpessoais e congregacionais? O Capítulo 2 descreve os modelos atuais de espiritualidade sob essa perspectiva, ao considerar uma visão alternativa do papel da igreja como corpo. Para alguns, a igreja e o culto devocional são entendidos principalmente como formas de enriquecer as experiências de fé interiores e subjetivas. Para outros, a comunidade é considerada vital, pois a natureza corporificada das pessoas significa que a fé deve ser aprendida e vivida. O que oferecemos a esse segundo grupo é uma perspectiva e um vocabulário para conceituar a importância da interatividade no corpo da igreja como constitutiva e enriquecedora da vida cristã.

CAPÍTULO 1

Mentalizando a vida cristã

A HISTÓRIA DE BETHANY

Perto do final do culto, hesitei antes de me aproximar da mesa da Eucaristia. Eu estava escrevendo um trabalho da faculdade sobre a Eucaristia, o vício em metanfetamina e a igreja. E me perguntei: Onde está a igreja fiel sobre a qual devo escrever e, se ela existe, o meu irmão viciado em metanfetamina fará parte dela algum dia? Por que meu irmão não está melhor? Algum dia, ele ficará? E, mesmo que ele estivesse aqui, sentado ao meu lado, o fato de participar da Eucaristia mudaria alguma coisa? Eu tinha certeza de que nutria esperanças tolas que nunca seriam realizadas. Mas pensei nas palavras ditas a Jesus: "Eu creio, Senhor! Ajuda-me na minha falta de fé!". Com esse mesmo espírito, aproximei-me da mesa da Eucaristia e orei: "Deus, estou indo com dúvidas, mas vou mesmo assim".

Jan e Warren estavam servindo a Santa Ceia naquele dia. Jan foi provavelmente a primeira pessoa a falar comigo quando vim à igreja pela primeira vez no ano passado. Nos primeiros dois meses depois de estar na igreja, minha cunhada, Destiny, foi diagnosticada com câncer e meu irmão, Josh, teve uma recaída. Jan lembrava-se de seus nomes, frequentemente perguntava como estavam e disse que estava orando por eles. Os meses se passaram e o câncer da minha cunhada foi embora, mas o vício do meu irmão permaneceu. Jan ainda perguntava sobre meu irmão na maioria dos domingos.

Primeiro, eu me aproximei de Warren para pegar o pão. "O corpo de Cristo, entregue por você", disse ele. Comecei a mergulhar o pão no copo de suco que estava nas mãos de Jan.

"O sangue de Cristo, derramado por você", ela sussurrou.

"Graças a Deus", respondi.

"... e por Josh e sua família", ela continuou.

O sangue de Cristo, derramado por você — e por Josh e sua família. Fiquei impressionada. Embora Jan frequentemente perguntasse sobre meu irmão e tivesse me servido a Ceia em outras ocasiões, ela nunca disse essas palavras enquanto me servia, e eu nunca me aproximei da mesa da Eucaristia pensando em meu irmão. Pela primeira vez em meses, eu voltava a sentir esperança. As palavras de Jan me deram coragem para acreditar que meu irmão não fora esquecido, que não estava sozinho, que talvez viveria e não morreria, e que talvez sua vida não se pareceria tanto com a morte.

No dia seguinte, tomei café com nosso pastor. Quando perguntei a ele o que pensava sobre a conexão entre a Eucaristia, a igreja e o vício, ele disse: "não acho que haja nada de mágico nisso... muitas vezes, você não acredita nessas coisas, mas você está fazendo isso com um corpo, e eles acreditam por você. Uma espiritualidade individualista não vai levar um adicto muito longe, assim me parece. Mas uma espiritualidade comunitária é capaz de ouvir: 'não acredito nessa porcaria' e, ainda assim, responder: 'eu sei, mas eu acredito, e acredito nisso por você'".

Mais tarde, ele disse: "E foi isso que Jan fez. Ela acreditou por você quando você mesma não acreditou". Nessa liturgia, as pessoas acreditam umas pelas outras em meio a profundas dúvidas, e se tornam corporativamente o que não eram como indivíduos — um corpo entrelaçado testemunhando do amor de Cristo, que se reúne com todos nós, adictos. Esse encontro ocorre nas profundezas do sofrimento e na proclamação da esperança.[1]

Se há uma mensagem única, simples e enérgica neste livro, é esta: ninguém é cristão (ou "espiritual") inteiramente por conta própria. Em vez disso, é o corpo de Cristo (sua igreja, esperamos) que estabelece, nutre e enriquece a vida cristã. Essa vida (envolvendo fé, esperança e amor) não é nossa, mas é a que passa a existir primeiro na vida do corpo e, finalmente, em nós. Uma vida cristã robusta não pode ser vivida inteiramente por conta própria. No entanto, quando essa vida é estendida a um corpo de

---

[1] Esta história de Bethany Grigsby foi adaptada, com permissão, de sua contribuição para *Mountainside Perennial: Memory for the Sake of Hope*, uma publicação da Mountainside Communion em Monrovia, Califórnia.

cristãos, nossa insignificante vida cristã individual torna-se "expandida" — mais ampla, mais profunda, mais rica e mais robusta do que jamais poderia ser sozinha.

Bethany estava nas garras da dúvida, o que era mais evidente por suas tentativas de escrever um artigo envolvendo seu irmão e o sacramento da Eucaristia. A fé e a esperança que ela não conseguia sustentar sozinha eram sustentadas por sua igreja, o que ficou claro para ela naquele dia específico em que Jan ministrou a Santa Ceia. Ligada ao corpo, Bethany pôde fazer parte de uma fé corporativa que estava além de sua capacidade individual. Ela foi capaz de ter fé e esperança porque estava adorando e experimentando a vida cristã dentro de um corpo, o que lhe permitiu estender-se a um reservatório compartilhado de fé e esperança.

Essa extensão da vida cristã para fora de nosso eu interior e em direção ao mundo externo da vida congregacional é o que exploramos neste livro. Se ignorarmos a vida mais corporificada e estendida da comunidade eclesial, correremos o risco de construir para nós uma vida cristã isolada, privada, escondida e dependente dos nossos sentimentos. Isso é problemático porque, sem saber, "cristianiza" as narrativas ocidentais dominantes de individualismo e consumismo. A igreja se torna um mercado que os indivíduos frequentam para obter bens (bons sentimentos espirituais) que carregam consigo durante a semana para sobreviver no "mundo". O clero se transforma em especialistas da informação, que entregam esses "bens", e os membros da igreja são os "consumidores", que os adquirem. Nesse modelo, as outras pessoas com quem participo do culto não têm nenhuma importância particular, a não ser talvez dividir os custos de produção — e, nesse caso, assistir ao culto em casa, em uma tela, pode ser tão significativo quanto participar dele na igreja. Embora tenha sido observado que a manhã de domingo nos Estados Unidos é uma das horas mais segregadas da semana,[2] também pode ser uma das mais solitárias. Isso é muito diferente da imagem no Novo Testamento, de uma pequena igreja doméstica, que se reúne para ceias, adoração,

---

[2] Essa era uma frase frequentemente citada por Martin Luther King Jr.; veja, por exemplo, o blog de Paul Edwards, "Domingo às 11h: 'A hora mais segregada desta nação'", 9 de outubro de 2010, em: http://www.godandculture.com/blog/sunday-at-11-the-most-segregated-hour-in-this-nation. Acesso em 12 de abril de 2021, às 14h.

convivência e serviço nas vizinhanças. Se a vida cristã não diz respeito a indivíduos, mas, sim, a um corpo de pessoas, o que isso significa para a nossa compreensão da vida de igrejas e congregações?

ENTENDENDO A ESPIRITUALIDADE CRISTÃ

Começamos com uma confissão. Não somos grandes fãs do termo *espiritualidade*, pelo menos não da forma como é normalmente usado e entendido. Apesar de alguma serventia retórica para a igreja e a comunidade cristã, o termo "espiritualidade" no contexto evangélico norte-americano é geralmente tido como algo referente a pessoas individuais. É entendido como uma qualidade do relacionamento pessoal com Deus. Embora haja coisas que, muitas vezes, apontamos como evidências externas (testes decisivos) da espiritualidade de uma pessoa (como em uma "árvore que dá bons frutos", Mateus 7:16-18), presumimos que essas coisas externas seriam reflexos imperfeitos de algo que é, na realidade, interno e privado. Além disso, muitos dos sermões que ouvimos, dos livros que lemos ou das conferências cristãs de que participamos convencem-nos de que uma espiritualidade mais elevada é algo que alcançamos (ou recebemos) por conta própria, como indivíduos distintos de outros cristãos. A igreja pode me ajudar de alguma forma, mas a minha espiritualidade é minha.

Essa visão de espiritualidade tem muito em comum com nossas visões individualistas da natureza do pecado, da moralidade e da virtude. Esses atributos são certamente mais externos e comportamentais, geralmente envolvendo a qualidade de nossas interações com outras pessoas. No entanto, eles são entendidos como expressão das qualidades internas de cada pessoa. São manifestações externas de recursos internos e privados. Novamente, embora as circunstâncias possam desempenhar algum papel, meu pecado, minha moralidade, minha espiritualidade e virtude são inteiramente meus.

Esse individualismo cristão onipresente baseia-se fortemente em nossa crença de que a essência do ser humano é termos uma alma (ou *self*)[3] —

---

[3] Reconhecemos que, em algumas tradições, especialmente na linguagem acadêmica, existem diferenças entre conceitos como alma, espírito e *self*. No contexto evangélico norte-americano de leigos comuns, no qual estamos primariamente interessados, descobrimos que esses termos não são bem definidos e, subsequentemente, são usados de forma intercambiável.

uma parte de nós que é privada, interior e inteiramente exclusiva a nós. Esse algo interno é o "verdadeiro eu". Também é considerado o *locus* e o alicerce da espiritualidade. Nós nos relacionamos com Deus apenas por causa de, e por meio de, nossa alma interior, que também é nosso "verdadeiro eu". Em geral, presumimos que tudo o que é realmente importante sobre nós e os outros está escondido dentro de nós, como características do *self* ou da alma. No entanto, como argumentamos em outro lugar[4] (e desenvolveremos mais nos próximos capítulos), essa ideia de uma alma individual privada não é inerentemente cristã e, no final das contas, não é útil para nossa compreensão da vida cristã e da natureza da igreja.[5]

Nós defendemos em nosso livro anterior uma compreensão mais corporificada da natureza das pessoas, por reconhecer a inserção de nós mesmos (corpos) em contextos familiares, sociais, culturais e eclesiais. Somos corpos intrinsecamente entrelaçados aos mundos que ocupamos. Assim, palavras como *mente, alma, espírito, self* e *pessoa* apontam para o mesmo indivíduo completo, corporificado, mas com atenção particular a diferentes *aspectos* de nós como pessoas inteiras.[6] Em seu recente livro, Jeeves e Ludwig escreveram extensivamente sobre em que medida a espiritualidade precisa ser entendida como incorporada e situacionalmente inserida.[7] Desejamos, neste livro, aprofundar esse argumento, tendo em vista o grau em que devemos considerar a mente (e, portanto, a pessoa) como *estendida*, em vários momentos e de várias maneiras, para além de nossos corpos individuais, abrangendo aspectos do mundo externo, incluindo pessoas e coisas, presentemente disponíveis. Nosso objetivo principal é considerar quais são as implicações da noção de extensão do *self* para a compreensão da vida cristã.

---

[4] Warren S. Brown e Brad D. Strawn, *The Physical Nature of Christian Life: Neuroscience, Psychology, and the Church* [A natureza física da vida cristã: neurociência, psicologia e a igreja] (Cambridge, UK: Cambridge University Press, 2012).

[5] Embora o compromisso com o dualismo corpo-alma seja uma fonte central desse tipo de interioridade e individualismo, é reforçado por outras tendências. É também um produto da subjetividade pós-kantiana e dos vários "solas" da Reforma Protestante, com seu distanciamento intencional da tradição cristã histórica como uma autoridade genuína para a vida cristã.

[6] Como monistas antropológicos, ou melhor, holistas, usamos termos desse tipo para descrever aspectos da pessoa inteira, não partes separadas reificadas ou agentes internos, ou sensores religiosos especiais, que são necessários para Deus se comunicar com os humanos.

[7] Malcolm A. Jeeves e Thomas E. Ludwig, *Psychological Science and Christian Faith: Insights and Enrichments from Constructive Dialogue* [Ciência psicológica e fé cristã: percepções e enriquecimentos a partir do diálogo construtivo] (West Conshohocken, PA: Templeton Foundation Press, 2018), p. 136-44.

Para nós, então, *espiritualidade* (se e quando usarmos essa palavra) é o processo gradual e relacional de sermos transformados à imagem e à semelhança de Jesus enquanto pessoas e grupos resultantes de experiências de uma vida cristã corporativa estendida (e, portanto, expandida).[8] Diz respeito a uma vida corporificada, compreendida como inserida em um mundo infiltrado pelo Espírito de Deus — uma vida cristã que é enriquecida pela extensão da pessoa em interações com um corpo local de Cristo.

Assim, intercambiamos alegremente a palavra *espiritualidade* com a nossa expressão preferida, *vida cristã*. Essa vida não é individual, privada ou interior, nem está relacionada a um estado emocional. A formação da vida cristã é um processo gradual que ocorre ao longo do tempo no contexto de um corpo maior de pessoas cristãs. Essa vida não é aquela que possuímos, mas da qual participamos externamente. E é importante ver continuamente essa vida corporativa como possuindo um *telos* ou objetivo externo — não se trata principalmente de cristãos individuais, nem mesmo de igrejas ou congregações particulares, mas do reino de Deus no mundo.

MENTES E PESSOAS

Além de nossa tradição teológica wesleyana, nossa compreensão da vida cristã também é fortemente moldada pelo nosso entendimento quanto à natureza das pessoas e da mente humana. Em vez de manter esses domínios de pensamento compartimentados, nós nos esforçamos para integrar o crescente entendimento da natureza das pessoas a um campo ressonante de entendimento coerente com a teologia prática.[9] Ou seja, na tentativa de compreender o que significa ser humano e ser cristão, tentamos trazer para a conversa as Escrituras, a compreensão histórica da igreja (ou seja, a tradição), o entendimento humano (ou seja, a experiência), novas descobertas científicas (o método empírico) e argumentos filosóficos atuais (ou seja, a razão).[10]

---

[8] Estamos discutindo um processo natural que se enquadra na categoria de teologia natural.
[9] Warren S. Brown, "Resonance: A Model for Relating Science, Psychology, and Faith", *Journal of Psychology and Christianity* 23 (2004): 110-20.
[10] Esta forma quádrupla de descobrir a verdade baseada em tradição, experiência, razão e Escritura é chamada de Quadrilátero Wesleyano. Dividimos a razão em duas categorias: razão que inclui filosofia e lógica, por um lado, e razão que é o resultado do empreendimento científico, por outro.

As ideias sobre a natureza da mente humana mudaram significativamente nas últimas décadas. Essa mudança foi no sentido de compreender a mente (e, portanto, as pessoas) como abrangendo mais profundamente o corpo inteiro (cognição corporificada), bem como a situação circunstante com a qual uma pessoa está interagindo (nossa inserção ou situação). Essa mudança nas ideias sobre a mente foi motivada por uma visão reformulada de como o cérebro produz a mente. Durante a maior parte da última metade do século 20, presumia-se que a mente (entendida como o cérebro) era muito parecida com um computador. Os computadores recebem informações bastante abstratas (ou seja, dados são inseridos) para que trabalhem (cálculos) com base em instruções abstratas sobre o que fazer com essas informações (um programa de computador). Depois que os cálculos são concluídos, o computador produz uma espécie de informação abstrata, que interpretamos como conclusões racionais. Isso é conhecido como "processamento de informações", e as mentes humanas têm sido consideradas processadores de informações — assimilamos dados abstratos, fazemos cálculos, chegamos a conclusões abstratas e, então, encontramos maneiras de usar essas abstrações para guiar a ação. De acordo com essa visão da mente, alguns desses processos computacionais abstratos são experimentados como pensamento consciente.

Entretanto, apesar de algumas semelhanças muito grosseiras, o cérebro (e também a mente) *não* é um computador, pois é diferente em aspectos fundamentais. A diferença (ou, pelo menos, uma diferença importante) é o contraste entre *abstrato* e *corporificado*. Para ilustrar essa diferença, a palavra "gritar", em sua forma escrita, é abstrata, mas seu significado (ou seja, um ato vocal alto) para uma pessoa que ouve ou lê a palavra não é uma abstração mental, e sim conhecimento corporal. Sabemos "gritar" porque sabemos o que é fazê-lo (um ato motor do nosso corpo) ou ouvi-lo (uma experiência sensorial). O que é central é que o conhecimento de nosso cérebro está enraizado em memórias de atos corporais e experiências sensoriais. Ele não sabe "gritar" na forma de uma abstração semelhante à de um computador. O que sabemos é baseado no que podemos lembrar fazendo ou sentindo.

É claro que o pensamento humano pode ser muito mais complicado do que isso, mas as complicações não escapam inteiramente à sua incorporação sensorial e motora. Uma das maneiras pelas quais as coisas podem tornar-se mentalmente mais complexas se vale de nossa capacidade de expandir metaforicamente o conhecimento fisicamente corporificado para cobrir noções mais abstratas (exceto as imediatamente físicas). Podemos dizer que uma manchete "grita", mas essa referência metafórica é compreendida por sua ligação com nossa história de experiências corporais. Como outro exemplo, o fenômeno do tempo é abstrato — não há uma coisa sensório-motora imediata que ele designa. Então, pensamos sobre o tempo usando experiências que estão ligadas à passagem do tempo — como, por exemplo, na duração experimentada do movimento (o tempo "passa", "corre", "acelera", "desacelera") ou como uma quantidade que se gasta progressivamente como areia numa ampulheta (o tempo é "gasto", "acaba", "passa", "desaparece").[11] Assim, a visão corporificada da mente defende que o pensamento não precisa de abstrações quando pode armazenar e manipular memórias sensório-motoras. As representações que podemos chamar de "abstratas" provavelmente existem na mente, mas a maior parte do que sabemos permanece ou tem raízes profundas no conhecimento corpóreo.

Argumentamos anteriormente que a vida cristã pode ser mais bem-compreendida vendo mentes e pessoas como corporificadas.[12] Se nossos corpos estão profundamente envolvidos nos processos que chamamos de "mente", então ser cristão não é ter adquirido certas informações abstratas ou acreditar em proposições abstratas específicas. Em vez disso, é constituído por tipos particulares de conhecimento corporal, interativo, social e narrativo, que usamos para pensar e decidir como interagir com essa situação ou essa pessoa. Vamos elaborar essa compreensão da mente humana ao longo deste livro, a fim de nos ajudar a reformular nossa compreensão da vida cristã — particularmente em que medida os relacionamentos humanos (ou seja, pessoas corporais [*embodied*] interagindo com outras pessoas corporais) são essenciais para a vida cristã.

---

[11] George Lakoff; Mark Johnson, *Philosophy in the Flesh: The Embodied Mind and Its Challenge to Western Thought* [Filosofia na carne: a mente corporificada e seu desafio para o pensamento ocidental] (Nova York: Basic, 1999), p. 137-69.
[12] Brown; Strawn, *The Physical Nature of Christian Life* [A natureza física da vida cristã].

A EXTENSÃO DA MENTE

A força que motiva especificamente a elaboração deste livro é o nosso encontro com uma compreensão mais profunda da mente humana chamada *cognição estendida*.[13] Nessa visão, a mente e suas capacidades incluem não apenas o cérebro e o que acontece dentro dele, ou mesmo o cérebro e o corpo, mas a mente também deve incluir aqueles aspectos do mundo físico e social com os quais uma pessoa está ativamente engajada. Na maioria das situações, nossos processos mentais (e, portanto, nossa inteligência) incluem o que está acontecendo nas interações *entre* nós e o ambiente físico ou social. Um exemplo muito simples é tentar lembrar um nome. Posso interagir com minha lista de contatos do *smartphone* (ambiente físico) ou posso perguntar a outra pessoa (ambiente social). Em ambos os casos, meu processo mental de lembrar inclui, por um breve momento, minhas interações com o mundo fora do meu corpo — minha mente se torna um processo estendido que inclui mais do que apenas eu. Minha memória individualmente deficiente foi *expandida* pelo que está disponível além do meu cérebro e do meu corpo. Tipicamente, o ato de pensar não é apenas algo que acontece dentro de nós, mas um processo que incorpora o que ocorre fora de nós conforme interagimos com o ambiente físico e social. O pensamento é um processo dinâmico de engajamento com o mundo — um processo em que o mundo não desempenha papel passivo. O engajamento interativo com o meio ambiente amplia, de forma significativa, a capacidade mental.

A ideia de que a constituição de nossa mente geralmente inclui coisas fora de nosso cérebro e de nosso corpo não é nada intuitiva. Nossos hábitos de pensamento e linguagem nos levam a presumir que a mente é um processo inteiramente interno que *usa* (mas não inclui) o corpo ou os elementos do mundo. A ideia de mente estendida sugere que o corpo e o mundo se tornam interativamente acoplados à atividade do cérebro em *loops* dinâmicos, em que os limites de processamento entre cérebro, corpo e mundo tornam-se indefinidos ou inexistentes. Grande parte da tecnologia que usamos é

---

[13] Andy Clark, *Supersizing the Mind* [Expandindo a mente].

transparente no que diz respeito ao seu impacto em nossa experiência subjetiva de pensamento e solução de problemas. O resultado efetivo de nossa capacidade de incorporar [à mente] recursos do corpo e do mundo é ampliar, de forma notável, nossas capacidades mentais — expandir nossas mentes.

EXPANDINDO A VIDA CRISTÃ

Ficamos intrigados com a ideia de extensão da mente no que diz respeito às suas implicações para compreender a vida cristã, e para revisitar as ideias de espiritualidade e levar mais a sério a vida de uma igreja. Se é verdade que a mente é expandida por extensão — ou seja, por interações com o ambiente físico e social —, isso também se aplicaria à nossa vida cristã e ao que chamamos de nossa "espiritualidade"?

Assim, o objetivo deste livro é explorar a ideia de enriquecer a vida cristã por meio de processos de extensão. A vida cristã individual pode ser expandida — tornada maior, mais profunda e mais robusta — por extensão à vida cristã corporativa? Por exemplo, a crença pode ser compreendida como se estendendo além de nossas mentes individuais para a comunidade de fé? Isso significaria que não cremos apenas por nós mesmos, mas cremos em conjunto com outros na igreja. O corpo de Cristo ampara e sustenta nossa crença, assim como vimos com Bethany na história de abertura. Quando somos incapazes de crer por nós mesmos, a fé, entretanto, pode funcionar, pois a experimentamos na vida estendida e expandida do corpo de Cristo — a igreja. No entanto, as contribuições do corpo, muitas vezes, ficam ocultas de nossa visão (como as "figuras ocultas" no desenvolvimento de cápsulas espaciais). Neste livro, tentaremos abordar, prioritariamente, como os indivíduos se conectam ao todo maior, e não como o todo (a igreja) serve ao indivíduo.

Nesse contexto, a ideia de Paulo de que a igreja deve ser o "corpo de Cristo" pode ser interpretada literalmente. Pelo menos na América do Norte,[14] o foco da maioria do pensamento cristão evangélico tem sido a

---

[14] Em diferentes partes do mundo e em diferentes culturas, podemos encontrar evidências de um cristianismo eclesial e espiritual muito mais coletivista. Embora nossa preocupação seja um cristianismo evangélico predominantemente ocidental, acreditamos que esse ramo da igreja tem muito a aprender com outras culturas.

vida individual do cristão. O individual tem exercido domínio sobre o coletivo.[15] Quando o individualismo prevalece na vida cristã, a "espiritualidade" de pessoas separadas é vista como o objetivo e o foco. No entanto, as Escrituras parecem inverter essa ordem, colocando o foco primeiro no coletivo — as pessoas, a igreja, o corpo. Em 1Coríntios 12:12-31, Paulo nos ajuda a ver que o objetivo final não é o indivíduo, mas o todo, o corpo, a igreja. Os indivíduos são importantes e significativos, na medida em que desempenham um papel importante para o todo maior. A metáfora de Paulo sobre o corpo é bastante poderosa porque, assim como um olho não faz sentido (não tem função vital) fora do corpo, uma vida cristã individual não faz sentido fora do corpo de Cristo. Não podemos nos separar uns dos outros. Não podemos sobreviver uns sem os outros. Se um sofre, todos sofrem. E certamente não podemos nos envolver na Grande Comissão para a qual Cristo nos chamou sem termos uns aos outros!

IGREJA COMO EXPANSÃO DA VIDA CRISTÃ

Com essas ideias em mente, um objetivo importante deste livro é reconsiderar a vida da igreja no contexto da possibilidade de enriquecimento da vida cristã pela extensão. Vamos argumentar que a natureza estendida da mente fornece uma justificativa crítica para os modos corporativos interativos da igreja serem tão poderosos e transformadores — por exemplo, orações, liturgias, canto e ensino, bem como expressões corporativas de serviço, cuidado compassivo mútuo e até reuniões sociais.

Se considerarmos a vida e a fé cristãs dentro de um modelo de processamento de informações, em que a compreensão e o assentimento a ideias abstratas são mais importantes, então qualquer coisa que envolva o corpo ou outras pessoas tem importância marginal, e o objetivo principal da igreja seria reformar o conteúdo da informação abstrata que ocupa as mentes privadas de pessoas individuais. Introduza as informações certas dentro da pessoa individual e o comportamento certo aparecerá. Ou,

---

[15] Também reconhecemos que, mesmo no Ocidente, e especialmente nas gerações mais jovens, há um movimento encorajador em direção a uma eclesiologia mais comunitária. Esperamos que este livro continue a fornecer evidências e suporte para esse trabalho.

se considerarmos que a espiritualidade consiste principalmente de experiências subjetivas (místicas ou emocionais) que são internas e privadas, então o objetivo da igreja é aumentar a frequência e a intensidade dessas experiências subjetivas. No entanto, se o cerne da vida cristã envolve interações estendidas a um corpo de cristãos em adoração (exterior, não interior), então uma nova e importante luz é lançada sobre todos os contextos em que "dois ou três estão reunidos" em nome de Cristo (Mateus 18:20). Não estamos tentando eliminar práticas individuais ou disciplinas que têm sido universais na igreja por séculos (algumas delas bastante corporificadas e comunitárias). Em vez disso, estamos tentando reimaginá-las à luz da corporificação e da cognição estendida, de modo a encorajar uma recompreensão dessas disciplinas sem o individualismo que caracteriza muito do evangelicalismo atual.

O que pode significar para a igreja se concentrar menos na promoção da "espiritualidade" individual (de qualquer tipo) e, em vez disso, reconhecer o fato de que, nas congregações, podemos participar de uma vida corporativa, que pode expandir a fé e a vida cristãs para além da insignificância da qual somos individualmente capazes? Como devemos não apenas entender a igreja, mas realmente *fazer* a igreja, de forma a evitar a promoção da espiritualidade sem corpo e desconectada (individualista)? O que resultaria de ver a fé e a vida cristãs como estendidas — isto é, como existindo principalmente *entre* pessoas cristãs? Como uma igreja pode engajar-se em práticas corporificadas, que expandem e estendem a vida cristã? Quais são as implicações dessa visão para as práticas de adoração, pregação, interações relacionais e oportunidades de serviço? E, a exemplo de Bethany, da história de abertura, como podemos fomentar uma crença que seja enriquecida, na medida em que se estende para uma fé mantida e nutrida por uma comunidade?

CAPÍTULO 2 | Espiritualidade moderna

"Sou espiritual, não religioso." Essa é uma frase comumente ouvida hoje em dia, nesta era pós-cristã. Com isso, frequentemente se pretende diferenciar algo que vale a pena (espiritualidade) de algo considerado problemático e dispensável (religião). Embora as pessoas que empregam essa frase sejam geralmente bastante claras sobre o que há de ruim na religião (por exemplo, é autoritária, legalista, intolerante, vergonhosa etc.), muitas vezes elas são pressionadas a articular claramente o que entendem por espiritualidade e por que ela é melhor (além de não ser religião!). Mas, sem uma compreensão clara da espiritualidade, essa afirmação enseja a seguinte questão: a espiritualidade é algo que transcende a religião ou que está tão indissociavelmente enredado com a religião que só pode ser articulada quando se encontra ancorada na vida e na prática religiosa? Pode-se falar de uma espiritualidade solta, ou ela deve estar ligada à vida religiosa, de tal forma que se deve falar de espiritualidade budista, ou espiritualidade judaica, ou espiritualidade católica? Rodney Clapp argumenta que "uma das razões pelas quais o termo [espiritualidade] é tão popular é que *por si só* é vago, amorfo. Ou, para colocar de forma positiva, é uma palavra elástica e ampla — pode conter multidões. (...) Consequentemente, contra a gramática convencional, *espiritualidade* parece ser um substantivo determinado de forma decisiva por seu adjetivo".[1]

Neste livro, não estamos particularmente interessados nessa espiritualidade amorfa e genérica. Em vez disso, estamos interessados na

---

[1] Rodney Clapp, *Tortured Wonders: Christian Spirituality for People, Not Angels* [Maravilhas torturadas: espiritualidade cristã para pessoas, não anjos] (Grand Rapids: Brazos Press, 2004), p. 13.

espiritualidade cristã e, mais ainda, na vida cristã. Preferimos falar de "vida cristã" a falar de "espiritualidade", na tentativa de evitar dualidades problemáticas (por exemplo, alma e corpo, espiritualidade e religiosidade, sagrado e secular, experiência e ação, interior e exterior) que, muitas vezes, estão implícitas nas discussões de espiritualidade e formação espiritual.

Este capítulo diz respeito à contemporânea compreensão comum evangélica norte-americana de espiritualidade, formação espiritual e natureza da vida cristã. Ao olhar para esse tópico, deparamos com um problema que tem uma longa história, mas é particularmente evidente nos movimentos modernos de formação espiritual e disciplinas e práticas espirituais — um problema que está entrelaçado com a modernidade, com a eclesiologia evangélica e com a antropologia teológica. Preocupamo-nos porque, quando entendemos mal a natureza das pessoas, interpretamos mal a espiritualidade cristã e a natureza da vida cristã. O que presumimos sobre as pessoas afeta o modo como entendemos o termo espiritualidade, e isso tem implicações significativas em como praticamos nossa fé.

No capítulo anterior, começamos a definir e discutir a natureza da espiritualidade, como ela é atualmente entendida e como nós a entendemos. Lamentamos particularmente (mas sem desenvolver as ideias extensivamente) que a compreensão predominante da espiritualidade evangélica na América do Norte seja algo interior, individual e privado. Neste capítulo, tentamos caracterizar e criticar mais claramente a noção atual de espiritualidade.

RAÍZES HISTÓRICAS DAS IDEIAS MODERNAS DE ESPIRITUALIDADE

Antes de considerar as visões modernas de espiritualidade, é útil nos lembrarmos do pano de fundo histórico-filosófico que moldou a perspectiva moderna. As raízes do que é atualmente a visão predominante de espiritualidade podem ser encontradas no dualismo corpo-alma — a visão de que os seres humanos são constituídos por duas partes: um corpo físico e uma alma não física. Essa ideia teve origem na filosofia de Platão, que diferenciava as formas não materiais (aquilo que é realmente real) do mundo material (uma mera sombra do real). Assim, a parte imaterial da pessoa (alma) passou a ser mais valorizada e privilegiada em relação ao corpo material. Essa perspectiva teve forte influência no pensamento cristão ocidental, principalmente por meio dos escritos de Agostinho (embora haja outras linhas de influência, como os gnósticos do cristianismo primitivo).

Para nossos propósitos, é importante abordar o que foi descrito como a "virada para dentro", a qual é encontrada na filosofia de Agostinho sobre a natureza humana e a vida espiritual.[2] No contexto de um dualismo platônico, Agostinho imaginou que a alma[3] morava dentro das pessoas. Dessa forma, uma espiritualidade superior tinha origem no cultivo da alma interior, que consequentemente se tornou o foco principal da fé cristã. Owen Thomas — professor emérito de teologia na *Episcopal Divinity School*, em Cambridge, Massachusetts, e ex-presidente da *American Theological Society* [Sociedade Teológica Americana] —, em seu livro *Christian Life and Practice: Anglican Essays* [Vida e prática cristãs: ensaios anglicanos], critica, de maneira fundamentada, o movimento moderno de espiritualidade, que ele acredita ter dominado a igreja desde a década de 1970.[4] Thomas descreve a visão de Agostinho da seguinte maneira: "As distinções platônicas entre 'espírito/matéria, superior/inferior, eterno/temporal, imutável/mutante são descritas por Agostinho, não apenas ocasional e perifericamente, mas central e essencialmente em termos de interior/exterior'. E a razão é que o interior é o caminho para Deus". Como Thomas cita Agostinho: "Não vá para fora; volte-se para dentro de si mesmo. No íntimo, habita a verdade".[5]

As ideias de Agostinho se tornaram parte central da compreensão da natureza humana e da espiritualidade humana dentro da igreja cristã. Por exemplo, a virada para o interior promovida pelos escritos de Agostinho pode ser explicitamente vista, um milênio depois, no misticismo e na vida interior defendidos na vida e nos ensinamentos de Teresa de Ávila

---

[2] Phillip Cary, *Augustine's Invention of the Inner Self: The Legacy of a Christian Platonist* [A invenção do eu interior de Agostinho: o legado de um cristão platônico] (Oxford, UK: Oxford University Press, 2000).
[3] Para ser historicamente preciso, Agostinho provavelmente foi mais influenciado por neoplatonistas, como Plotino, do que por Platão.
[4] Embora estejamos escrevendo principalmente sobre a igreja evangélica na América do Norte, é interessante encontrar um anglicano igualmente preocupado.
[5] Owen C. Thomas, "Interiority and Christian Spirituality", *Journal of Religion* 80, nº 1 (2000): 45.

e de São João da Cruz. A distinção corpo-alma (exterior *versus* interior) também foi central para a filosofia analítica da natureza humana proposta por René Descartes, que perpetuou as visões de Agostinho dentro da filosofia.[6]

Rodney Clapp também reconta essa história em seu livro *Tortured Wonders: Christian Spirituality for People, Not Angels* [Maravilhas torturadas: espiritualidade cristã para pessoas, não anjos]. Clapp escreve que a descorporificação [*disembodiment*] original da espiritualidade cristã estava enraizada nos primeiros escritos dos pais e mães da igreja, que muitas vezes falavam do corpo como um fardo. Clapp argumenta que a desconfiança deles em relação ao corpo estava associada à mortalidade humana, o que faz sentido em uma época e em um lugar em que a morte era uma ameaça constante. A mortalidade e o medo das paixões sexuais criaram desconfiança na fragilidade do corpo e engendraram uma espiritualidade cristã que desprezava o corpo. Para proteger a pessoa *real* da transitoriedade e do sofrimento da vida, o corpo era visto como pouco mais que um recipiente ou uma máquina.[7] Para Agostinho, o interior é onde se encontram o verdadeiro eu e Deus, enquanto o exterior é problemático porque é mortal, caído e material. Em essência, o interior e o exterior são opostos exatos, sendo o ser interior o local em que a pessoa real reside — no centro de tudo que é mais importante.

Um ponto importante que desejamos enfatizar nessa rápida descrição das origens do dualismo corpo-alma, quanto à distinção concomitante entre interior e exterior na espiritualidade moderna, é que as origens dessas ideias não são encontradas na Bíblia. Embora durante séculos tenhamos lido passagens bíblicas segundo esse esquema agostiniano, ele é essencialmente estranho aos próprios textos.[8] Esse entendimento fez com que muitos teólogos e estudiosos da Bíblia abandonassem esse dualismo, vendo nas Escrituras uma visão mais holística e corporificada das pessoas.

---

[6] Já cobrimos a história das origens do dualismo cristão no capítulo 2 de nosso livro anterior, Warren S. Brown; Brad D. Strawn, *The Physical Nature of Christian Life: Neuroscience, Psychology, and the Church* [A natureza física da vida cristã: neurociência, psicologia e a igreja] (Cambridge, Reino Unido: Cambridge University Press, 2012).

[7] Clapp, *Tortured Wonders* [Maravilhas torturadas], p. 29-32.

[8] Joel B. Green, *Body, Soul, and Human Life: The Nature of Humanity in the Bible* [Corpo, alma e vida humana: a natureza da humanidade na Bíblia] (Grand Rapids: Brazos Press, 2008).

ESPIRITUALIDADE INTERIOR

No *Dicionário de Espiritualidade Cristã*, o editor Glen Scorgie define espiritualidade da seguinte maneira:

> Espiritualidade, em seu sentido genérico, é conectar-se com o transcendente e ser mudado por ele. Envolve um *encontro* com o transcendente (ou o numinoso, o Real ou o que for supremamente importante) e, então, os *efeitos* benéficos desse encontro em uma pessoa ou uma comunidade. É sobre estabelecer uma conexão transformadora com algo além — uma conexão que moldará quem nos tornamos e como viveremos.[9]

Scorgie aponta que existem duas versões cristãs distintas dessa definição. Ele descreve a versão mais estreita como "preocupada em experimentar a presença, a voz e as consolações de Deus de maneira direta, aqui e agora".[10] Essa compreensão da espiritualidade coloca grande ênfase na experiência subjetiva interna como um indicador do estado espiritual da alma interior.

De acordo com Scorgie, uma versão mais holística, embora afirme a possibilidade de experimentar Deus diretamente, tem "insistido que ser cristão é mais do que isso. A espiritualidade holística tem a ver com viver *toda a vida* diante de Deus (...) Também inclui coisas como arrependimento, renovação moral, aperfeiçoamento de almas, construção de comunidade, testemunho, serviço e fidelidade ao chamado de alguém".[11] Essa visão desloca o entendimento da espiritualidade para fora, em direção à natureza da vida cristã.

A estreita versão interior, descrita por Scorgie, ganhou destaque em grande parte do cristianismo evangélico moderno. A versão interior do "aqui e agora" tem tido grande influência nas noções populares de espiritualidade e formação espiritual. Presume-se que mudanças interiores no coração do crente causem mudanças secundárias no comportamento

---

[9] Glen Scorgie, "Overview of Christian Spirituality" [Visão geral da espiritualidade cristã], in *Dictionary of Christian Spirituality* [Dicionário de espiritualidade cristã], org. Glen Scorgie (Grand Rapids: Zondervan, 2011), p. 27; ênfase no original.
[10] Ibidem, p. 27.
[11] Ibidem, p. 27-28; ênfase no original.

exterior. Dessa forma, o comportamento exterior torna-se uma espécie de prova de fogo da verdadeira espiritualidade interior — não a coisa em si mesma, mas apenas um indicador.

Um estudo de caso útil do que Scorgie se refere como estreita visão interior pode ser encontrado no movimento Renovaré. O Renovaré está originalmente relacionado ao trabalho do escritor Richard Foster e fornece recursos e conferências voltados ao aprimoramento da espiritualidade cristã. Um exemplo da predominância de uma compreensão interiorizada, direta e experiencial da espiritualidade pode ser visto na definição de formação espiritual dada no *website* do Renovaré:

> Todos nós somos seres espirituais. Temos corpos físicos, mas nossas vidas são amplamente dirigidas por uma parte invisível de nós. Existe um centro imaterial em nós que molda a maneira como vemos o mundo e a nós mesmos, direciona as escolhas que fazemos e orienta as nossas ações. *Nosso espírito é a parte mais importante de quem somos.* E, ainda assim, raramente gastamos tempo desenvolvendo nossa vida interior. É disso que trata a Formação Espiritual.[12]

A espiritualidade evangélica norte-americana moderna ecoa essa definição do Renovaré. Esse entendimento da espiritualidade é consistente com o que Scorgie descreve como "estreito". Ou seja, as práticas e disciplinas (por exemplo, culto, oração, meditação espiritual) são planejadas para gerar eventos internos — "comunhão com Deus", "encontrar Jesus", "receber uma palavra", "ter um relacionamento pessoal com Jesus" — em outras palavras, *experiências* internas, do tipo aqui e agora. Em última análise, o valor dessas experiências, e do que elas significam em relação ao desenvolvimento espiritual, é avaliado pela forma como a pessoa se *sente*. Embora suspeitemos que esses autores argumentariam que esse trabalho interior deveria levar a frutos exteriores, a obra exterior parece meramente um teste que indica a santidade interior da pessoa.

Essa tendência de medir o *status* espiritual de alguém por meio de sentimentos está por trás de afirmações como: "eu simplesmente não me sinto

---

[12] "Spiritual Formation", Renovaré, https://renovare.org/about/ideas/spiritual-formation, ênfase adicionada.

perto de Deus" ou "minha vida espiritual está árida agora". Como essa compreensão da espiritualidade diz respeito às coisas internas, privilegia o interno sobre o externo, a alma sobre o corpo, os sentimentos sobre o comportamento e o indivíduo sobre a comunidade. Além de ser uma compreensão incompleta da espiritualidade, essa abordagem de avaliar o *status* espiritual através da experiência sentida pode levar alguns cristãos a se desiludirem e desencorajarem em suas jornadas espirituais quando não sentem o que acreditam que deveriam sentir — por exemplo, quando estão doentes, deprimidos, estressados ou de luto.

Nosso objetivo não é sugerir que a forma estreita de espiritualidade postulada por Scorgie esteja totalmente equivocada em seu *objetivo* de formação. No entanto, estamos preocupados com o fato de que essa compreensão estreita da espiritualidade seja débil e inadequada, e pensamos que uma visão mais corporificada da espiritualidade cristã é capaz de produzir uma vida cristã mais robusta e vigorosa. A ênfase exagerada na espiritualidade interna e individualista, encontrada em um grande número de igrejas evangélicas na América do Norte, mutila a fé cristã porque nos distrai da fé "enativada" [*enacted*], compartilhada e comunitária.

Existem dois caminhos que se ramificaram da compreensão agostiniana de espiritualidade como interior e privada: (a) uma desconexão, afastando a espiritualidade da vida cotidiana e corporificada dos cristãos enquanto pessoas; e (b) uma perda da visão da espiritualidade da forma como inserida na vida comunitária. Embora esses dois resultados estejam emaranhados, o primeiro problema está essencialmente relacionado à visão que temos de nós mesmos, enquanto o segundo está relacionado à visão da igreja. A seguir, abordaremos cada uma dessas duas questões. Esses problemas são fruto de um tipo de "teologia popular da espiritualidade" desenvolvida principalmente nas igrejas evangélicas do Ocidente, que leem essa literatura pelas lentes do individualismo contemporâneo, característico de grande parte do cristianismo norte-americano.

VIDA ESPIRITUAL DESCORPORIFICADA

A ideia de que uma compreensão agostiniana de pessoa pode levar a compreensões problemáticas da espiritualidade foi adotada pelo professor e escritor anglicano Owen Thomas. Thomas caracteriza grande parte da literatura sobre espiritualidade como descorporificada, com sua "ênfase e seu foco penetrantes (...) na vida interna ou interior como distinta da vida exterior, corporal e comunitária".[13] Como exemplo dessa interioridade, ele cita o reverenciado escritor espiritual Thomas Merton, que escreveu em uma carta a seus amigos pouco antes de sua morte: "Nossa jornada real é interior; é uma questão de crescimento, aprofundamento e uma entrega cada vez maior à ação criadora do amor e da graça em nossos corações".[14] Owen Thomas vê essa distinção interior/exterior no cerne do problema mencionado no início do capítulo — o conflito presumido por muitos entre espiritualidade e religião: "enquanto a religião lida com a vida exterior, isto é, instituições, tradições, práticas, doutrinas e códigos morais, a espiritualidade lida com a vida interior, que, portanto, tende a ser *individualizada* e *privatizada*".[15] Ele argumenta que, se a espiritualidade é conceituada principalmente como uma questão da vida interior, está "equivocada filosófica, teológica e eticamente, e precisa ser corrigida não apenas para se ter uma visão mais equilibrada da relação interior/exterior, mas também para uma ênfase no exterior como fonte primária e principal do interior".[16]

Fergus Kerr escreve, em seu livro *Theology After Wittgenstein* [Teologia depois de Wittgenstein], sobre o grau em que a distinção interior/exterior pode afetar até mesmo a compreensão da oração:

> Os escritores espirituais, nos últimos três séculos mais ou menos, levaram muitas pessoas devotas a acreditar que a única oração verdadeira é silenciosa, sem palavras, "privada". (...) É incrível como muitas vezes as pessoas devotas pensam que o culto litúrgico não é realmente oração, a menos que tenham injetado um "significado" especial para fazer as palavras funcionarem. A tendência é dizer que a participação consiste em acontecimentos privados dentro da cabeça. (...) Há (...)

---

[13] Thomas, "Interiority and Christian Spirituality" [Interioridade e espiritualidade cristã], p. 41.
[14] Conforme citado em Thomas, "Interiority and Christian Spirituality" [Interioridade e espiritualidade cristã], p. 41.
[15] Ibidem, p. 42, ênfase adicionada.
[16] Ibidem, p. 42.

uma tendência central na piedade cristã moderna, que coloca toda a ênfase nos pensamentos secretos e nos pecados ocultos das pessoas.[17]

Aqui vemos claramente como uma antropologia agostiniana se presta a uma espiritualidade descorporificada. Essa compreensão da espiritualidade privilegia a alma interior (ou espírito) sobre o corpo exterior e tem um impacto dramático na maneira como entendemos as práticas cristãs e até mesmo o objetivo da vida cristã. Esse tipo de espiritualidade descorporificada é o que Rodney Clapp chama de "espiritualidade moderna" em oposição à "espiritualidade cristã".[18]

ESPIRITUALIDADE MODERNA E O CASO DO RENOVARÉ

A priorização hierárquica do interior (a "alma") sobre o exterior (o "corpo") que surge de uma estrutura dualista é amplamente difundida na literatura moderna sobre espiritualidade. Não obstante o que esses autores pretendem ou querem dizer, seus escritos costumam ser mal interpretados pelos leitores evangélicos. Talvez um dos exemplos mais claros disso (embora obviamente não seja o único) é o Renovaré, um movimento fundado por Richard Foster e profundamente influenciado pelos escritos do filósofo cristão Dallas Willard. Citamos anteriormente uma definição de espiritualidade do *website* do Renovaré, que enfatizava uma espiritualidade interior, descorporificada. Veja também Dallas Willard em seu célebre texto *Renovation of the Heart: Putting on the Character of Christ* [Renovação do coração: vestindo o caráter de Cristo]:

> A transformação espiritual em semelhança a Cristo, já disse, é o processo de formar o mundo *interior* do eu humano de tal maneira que assuma o caráter do ser *interior* do próprio Jesus. O resultado é que a vida *"exterior"* do indivíduo se torna cada vez mais uma expressão natural da realidade *interior* de Jesus e de seus ensinamentos. Fazer, cada vez mais, o que ele disse e fez torna-se parte de quem somos.[19]

---

[17] Fergus Kerr, *Theology After Wittgenstein* [Teologia depois de Wittgenstein]. 2. ed. (Oxford, UK: Basil Blackwell, 1997), p. 172-173. Para Wittgenstein, até mesmo os significados das palavras nas orações faladas são comunais, pois são estabelecidos nas interações e no uso da linguagem local.
[18] Clapp, *Tortured Wonders* [Maravilhas torturadas], p. 15.
[19] Dallas Willard, *Renovation of the Heart: Putting on the Character of Christ* [Renovação do coração: vestindo o caráter de Cristo] (Colorado Springs: NavPress, 2002), Kindle loc. 3159, ênfase adicionada.

A partir dessa afirmação, seria fácil concluir que o interior é primário e superior ao exterior, porque dentro é onde a pessoa real existe. Portanto, para que a mudança aconteça, deve ocorrer de dentro para fora.

Os escritos do Renovaré, sem dúvida, têm ministrado a milhões de pessoas, pois têm defendido persuasivamente práticas de disciplinas espirituais e seu papel no processo de santificação. Autores como Foster e Willard reconhecem como as práticas espirituais são claramente corporificadas e concordam com a importância do corpo no processo de santificação (ou seja, na mudança de comportamento). Dallas Willard parece abraçar uma antropologia teológica tripartite (ou seja, os humanos são compostos de três coisas: corpo, alma e espírito). Seu biógrafo, Gary Moon, sugere que Willard não era um dualista ou tricotomista puro, mas um pensador do tipo "*tanto/como*" [*both/and plus*].[20] No entanto, sua antropologia pode ser lida como hierárquica, privilegiando as experiências internas do espírito e da alma sobre a vida externa do corpo. Desse ponto de vista, o corpo é importante como meio para um fim, permanecendo separado e distinto da alma (ou espírito), que, presume-se, é o foco principal da vida espiritual.

Os escritos de Willard sobre o corpo podem ser confusos, talvez devido à sua tentativa de ser um antropólogo "tanto/como" [*both/and*]. Ele parece tanto exaltar a importância do corpo para a vida espiritual como, eventualmente, culpá-lo pela maioria de nossos problemas religiosos (isto é, o pecado). No capítulo 9 de *Renovation of the Heart* [Renovação do coração], encontramos um exemplo dessa abordagem confusa.

> Para o bem ou para o mal, *o corpo está no centro da vida espiritual* — uma estranha combinação de palavras para a maioria das pessoas. Pode-se ver imediatamente ao nosso redor que o corpo humano é uma (talvez, em alguns casos, até *a*) barreira fundamental à conformidade com Cristo. Mas essa certamente não era a intenção de Deus para o corpo. Ela não está na natureza do corpo como tal. (O corpo não é intrinsecamente mau.) Nem é *causada* pelo corpo. Mas, ainda assim, é fato que o corpo geralmente impede as pessoas de fazerem o que sabem ser bom

---

[20] Gary Moon, em conversa pessoal, 2017. [De acordo com um dos autores (B.D.S.), ao usar a expressão pensador "tanto/como", Moon estava dizendo que Willard desejava sustentar que, de alguma forma, as pessoas são tanto dualísticas como corporificadas (N. T.).]

e certo. Sendo formado no mal, por sua vez, ele fomenta o mal e constantemente corre à frente de nossas boas intenções — mas na direção oposta.[21]

No mesmo capítulo (intitulado "Transformando o corpo"), Willard afirma que o corpo é uma coisa boa, que Deus o criou para o bem, e é por isso que o caminho de Jesus é encarnacional. Em seguida, ele afirma: "Para a maioria das pessoas, por outro lado, seu corpo governa sua vida. E esse é o problema".[22] Não é difícil perceber em seus escritos o tipo de distinção interior/exterior contra a qual Owen Thomas adverte. Nesse contexto, temos uma alma boa e um corpo mau, ou pelo menos altamente problemático (embora não originalmente ruim). E esse corpo não é apenas separado, mas também inferior à "pessoa espiritual real" — a alma ou o espírito interior.

Depois de fazer algum trabalho exegético em Romanos 5—8, em que Paulo fala longamente sobre o corpo, Willard escreve:

> O MAIOR PERIGO para nossas perspectivas de transformação espiritual neste ponto é que deixemos de considerar de forma suficientemente literal toda essa conversa sobre nossas partes corporais. Ela pode nos ajudar a considerar situações comuns de tentação. Dissemos anteriormente que a tentação é uma questão de estar inclinado a fazer o que é errado. Mas onde residem essas inclinações principalmente? A resposta é: principalmente nas partes do nosso corpo.[23]

Como Willard, a maioria dos cristãos evangélicos lê passagens como as de Romanos do ponto de vista de uma interpretação bíblica enraizada no dualismo corpo-alma agostiniano — uma antropologia teológica não favorecida por interpretações bíblicas contemporâneas e de difícil integração com uma compreensão moderna da mente.

DESCORPORIFICADO E DESCONECTADO DA COMUNIDADE

Talvez o que seja mais enganoso para o cristão leigo evangélico, que lê muitos escritores contemporâneos sobre espiritualidade, é a forma como

---

[21] Willard, *Renovation of the Heart* [Renovação do coração], Kindle loc. 3172, itálicos no original.
[22] Ibidem, Kindle loc. 3171.
[23] Ibidem, Kindle loc. 3316, maiúsculas no original.

a presunção de dualismo (ou tripartismo) e a consequente compreensão da espiritualidade como algo interior podem levar à seguinte conclusão: *eu não sou meu corpo. Meu corpo é algo que eu tenho e que é um problema. Ele não faz parte do meu ato de pensar, do meu ser, do meu aprendizado, da minha racionalidade, das minhas emoções ou da minha espiritualidade. O corpo é algo a ser dominado, conquistado e disciplinado para obedecer, mas ele não sou eu.* De acordo com essa visão, o "eu real", ou o "eu verdadeiro", está dentro, é privado e individual. Dentro é onde todas as coisas importantes realmente acontecem. O corpo é apenas um portador — e altamente problemático nessa tarefa. Portanto, usamos nossa mente/alma/espírito (tudo o que acreditamos estar dentro) com a finalidade de treinar o corpo para que ele se comporte. O corpo é uma necessidade inconveniente, mas "não eu".

A segunda questão problemática relacionada à interioridade, fomentada por uma visão agostiniana dualística e descorporificada, é que ela pode tender para uma forma de vida cristã que não está profundamente enraizada e comprometida com a vida comunitária.[24] Uma espiritualidade dualística e descorporificada leva à ideia de que a parte *real* e mais importante de mim é interior, individual e privada. Consequentemente, a espiritualidade passa a ser equiparada ao estado da alma. Portanto, a espiritualidade está apenas secundariamente relacionada às ações corporais externas e tem pouco ou nada a ver com a interação com os corpos de outras pessoas.

Como evidência dessa visão de espiritualidade, considere o número crescente de pessoas que são "espirituais, mas não religiosas" e o declínio maciço na frequência à igreja na América do Norte. Considere também as implicações das ideias expressas nas linhas de algumas canções de adoração contemporâneas: "Tudo que eu preciso é de ti, Senhor", ou "Desejo apenas a ti". Embora essa seja apenas uma pequena amostra, tais expressões de experiência cristã solitária (por exemplo, "apenas Jesus e eu") são amplamente difundidas em canções de adoração cristã contemporâneas. Claro, também podemos encontrar expressões semelhantes em hinos wesleyanos e metodistas (como "Jesus, amante da minha alma"), e mesmo

---

[24] Brown; Strawn, *The Physical Nature of Christian Life* [A natureza física da vida cristã], caps. 7—8.

no Saltério há salmos individualistas, bem como salmos comunitários de lamento (Salmo 44) e de ação de graças (Salmo 67). Os contextos sociais em que esses salmos e hinos individualistas foram compostos e cantados eram muito diferentes em termos de relacionamento entre os indivíduos e suas respectivas comunidades. Os israelitas sabiam que haviam sido chamados e designados como povo. Até mesmo seus salmos individualistas teriam sido usados na adoração corporativa. O metodismo original também foi organizado em torno de grupos e práticas intensamente sociais, comunais e comportamentais. Portanto, embora a linguagem dos israelitas e metodistas pudesse, às vezes, ser individual, ambas estavam inseridas em contextos altamente comunitários.

Não há dúvida de que *precisamos* de Jesus, mas é o "tudo" que é facilmente mal interpretado. Jesus é mais facilmente encontrado em um corpo de fiéis ("onde dois ou três estão reunidos", Mateus 18:20) ou entre os mais necessitados. As primeiras palavras de Jesus aos seus discípulos não foram: "Venham *experimentar-me*"; pelo contrário, foram "Sigam-me" (Mateus 4:19), ou seja, um chamado para um modo de vida especial, corporificado, inserido e "enativado".[25]

A espiritualidade descorporificada, com sua distinção interior/exterior, não constitui um problema simplesmente por desconectar o corpo da espiritualidade, mas também é problemática no que diz respeito à desconexão de nossa vida cristã da vida dos outros. Essa tendência individualista tem implicações para a nossa compreensão da Bíblia. Como Owen Thomas escreve: "Ela aparece, por exemplo, na tendência de interpretar *entos* em Lucas 17:21 ('O reino de Deus está entre vocês') como 'dentro' em vez de 'entre', embora a esmagadora maioria dos exegetas concorde que significa 'entre'".[26]

Como os conceitos que parecem referir-se a uma vida interior descorporificada são frequentemente usados na linguagem (e na música) cristã, é

---

[25] O neologismo *enativado* está sendo introduzido aqui como tradução para a expressão técnica *enacted*, que corresponde a uma das formas de *4E cognition* (*embodied, embedded, extended, enacted*), conhecida como *enativismo*. Essas expressões derivam de *enação* (*enactment*), termo proposto pelos biólogos chilenos Humberto Maturana e Francisco Varela (a partir da expressão espanhola *en acción*) para designar a ato cognitivo como resultante de uma dinâmica em que um organismo vivo "traz à tona" um ambiente através de interação corporal contínua com esse ambiente. (N. T.)

[26] Thomas, "Interiority and Christian Spirituality" [Interioridade e a espiritualidade cristã], p. 52, itálicos no original.

importante deixar claro o que queremos dizer com eles. Influenciado por Wittgenstein, Thomas sugere que "a distinção interior/exterior é essencialmente uma construção linguística",[27] ou seja, trata-se de uma metáfora espacial para algo que não é realmente espacial. Para Thomas, interior é uma metáfora que só faz sentido se for entendida como dependente do exterior. Interior é a sensação e a experiência referentes às ações da vida.[28] Thomas defende que a vida cristã, como entendida através do testemunho bíblico da Escritura, deve dar primazia à forma como alguém vive sua vida real no corpo (o exterior), e não nas experiências internas.

A posição de que o interior é uma expressão metafórica que aponta para as experiências vivenciadas a partir das ações do corpo tem três implicações importantes para a visão de Thomas em relação ao cristianismo. Em primeiro lugar, ela implica interesse renovado e ênfase no corpo, o que significa que "mais atenção deve ser dada à responsabilidade pelo mundo exterior do corpo e da comunidade, incluindo o mundo material, econômico, social, político e histórico, em vez de um enfoque exclusivo na alma ou na vida interior como espiritualidade cristã".[29] Em segundo lugar, é preciso haver uma mudança na espiritualidade cristã do mundo interior de uma pessoa como central para o reino de Deus como central. Isso inverteria essa ênfase na espiritualidade como sendo principalmente privada, interior e individual. Finalmente, essa visão implica uma nova ênfase na prática da formação cristã. No entanto, essa prática não pode ser do tipo que é compreendida simplesmente como um meio de alimento para a vida íntima e privada do crente solitário, que, então, fervilhará em boas obras, passando na prova de fogo do indicador da verdadeira espiritualidade interior.

Tratar a vida corporificada como fundamental e prioritária sugere que a formação na vida cristã deve concentrar-se nas práticas da vida externa, como o culto público, a construção da comunidade, o serviço aos necessitados e a participação na luta por justiça e paz, e não nas disciplinas da

---

[27] Ibidem, p. 56.
[28] Para uma descrição do pensamento como simulação de ação, veja Andy Clark, *Being There: Putting Brain, Body, and World Together Again* [Estar lá: juntando cérebro, corpo e mundo novamente] (Cambridge, MA: MIT Press, 1997).
[29] Thomas, op. cit., p. 58.

vida interior, como o silêncio, a meditação e a contemplação. Não é que essas últimas disciplinas devam ser excluídas, mas, sim, consideradas enraizadas na prática comunitária e pública.

As perspectivas de Thomas estão diretamente no domínio do que Scorgie cita como uma visão holística da espiritualidade cristã, que, sem se limitar a esses aspectos, inclui a renovação moral, a construção de comunidade, o serviço e a fidelidade ao chamado.[30] Felizmente, tem havido um aumento no número de autores cristãos contemporâneos que abraçam o corpo — para honrá-lo, pensar profundamente sobre suas implicações na vida espiritual e até mesmo para melhor incorporá-lo à teologia.[31] Embora a abordagem que vamos sugerir aqui se diferencie, em alguns aspectos significativos, desses autores, esses desenvolvimentos apontam para o aumento de pensadores cristãos que reconhecem a centralidade do corpo humano.

DESAFIANDO A ESPIRITUALIDADE INTERIOR

As implicações de uma compreensão mais corporificada da espiritualidade são particularmente reveladoras para o nosso entendimento da igreja e da vida cristã corporativa. Rodney Clapp argumenta que a "espiritualidade cristã" (em oposição à "espiritualidade moderna") refere-se a corpos socialmente inseridos em tempos e lugares específicos. Clapp aponta que essa visão é sugerida pelo Pai-Nosso, no qual oramos (como uma reunião de criaturas físicas) pelo "pão de cada dia" e para que a vontade de Deus seja feita "neste dia", além de sermos lembrados de que enfrentamos tentações em comunidade.[32] Para Clapp, a igreja é central para a formação espiritual: "A espiritualidade cristã é a participação e a formação da pessoa inteira na igreja — o corpo de Cristo, o público do Espírito — que existe para atrair

---

[30] Scorgie, "Overview of Christian Spirituality" [Visão geral da espiritualidade cristã], p. 28.
[31] Tara M. Owens, *Embracing the Body: Finding God in Our Flesh and Bones* [Abraçando o corpo: encontrando Deus em nossa carne e ossos] (Downers Grove, IL: InterVarsity Press, 2015); Stephanie Paulsell, *Honoring the Body: Meditations on a Christian Practice* [Honrando o corpo: meditações em uma prática cristã] (San Francisco: Jossey-Bass, 2002); Rob Moll, *What Your Body Knows About God: How We Are Designed to Connect, Serve, and Thrive* [O que seu corpo sabe sobre Deus: como somos projetados para nos conectar, servir e florescer] (Downers Grove, IL: InterVarsity Press, 2014); Luke Timothy Johnson, *The Revelatory Body: Theology as Inductive Art* [O corpo revelador: teologia como arte indutiva] (Grand Rapids: Eerdmans, 2015).
[32] Clapp, *Tortured Wonders* [Maravilhas torturadas], p. 23-24.

e chamar o mundo de volta ao seu Criador, seu verdadeiro propósito e sua única esperança real".[33]

Embora Clapp conceitue a origem do problema de maneira um pouco diferente de Thomas, suas conclusões são muito semelhantes. Para Clapp, a interioridade e a individualidade estão interligadas. Ele acredita que o problema central está na ênfase do Ocidente moderno no corpo individual (pessoa) como central e no corpo social como um derivado. Um bom exemplo desse problema de primazia no individual pode ser encontrado em *Varieties of Religious Experience* [Variedades de experiência religiosa], de William James, em que ele argumenta que uma pessoa primeiro tem uma experiência espiritual e, em seguida, escolhe associar-se a outras pessoas que tiveram uma experiência semelhante.[34] Clapp argumenta que não era assim que os indivíduos pré-modernos, ou o apóstolo Paulo, compreendiam as pessoas e a comunidade.

Esse enfoque individual também é um problema crítico na compreensão moderna da espiritualidade, uma vez que ignora a raiz das experiências religiosas/espirituais na centralidade da vida comunitária. Clapp escreve:

> O cristianismo funda suas raízes na realidade e na prioridade do corpo social ou corporativo. De acordo com essa visão, a identidade e o bem-estar de cada membro estão incorporados e entrelaçados com a identidade e o bem-estar do todo, dos muitos que se reúnem. Sem uma apreciação do corpo social, o cristianismo ortodoxo simplesmente não faz sentido.[35]

Ele ressalta que é impossível para um cristão florescer à parte da comunidade cristã, da mesma forma que muitos profissionais (como artistas) não podem florescer fora de suas corporações profissionais. Embora ele não deprecie os exercícios espirituais diários individuais, "eles não precedem o culto corporativo. Eles derivam do culto

---

[33] Ibidem, p. 18.
[34] William James, *Varieties of Religious Experience: A Study in Human Nature* (Nova York, NY: The Modern Library, 1902). [Ed. bras.: *As variedades da experiência religiosa: um estudo sobre a natureza humana*. São Paulo: Cultrix, 2017.]
[35] Clapp, *Tortured Wonders* [Maravilhas torturadas], p. 73.

corporativo e voltam para encontrar seu cumprimento no culto corporativo. (...) No final das contas, se os outros não orarem comigo, a fé cristã e a espiritualidade se tornarão pequenas e triviais, derrotadas por um mundo muito maior e mais interessante do que minhas obsessões e desejos individuais".[36]

VISÕES CONTRASTANTES DA VIDA CRISTÃ

Neste capítulo, argumentamos que a visão moderna da espiritualidade é confusa e até mesmo potencialmente enganosa, ao afirmar, por um lado, que o corpo é bom e, por outro, que é a fonte de nossos problemas. Essa ambiguidade sobre o corpo está enraizada no dualismo da divisão interior/exterior, entre um eu espiritual interno e um corpo que frequentemente age de forma pecaminosa. Consistente com essa visão, muitos que estão interessados em espiritualidade, mas não em religiosidade (tanto cristã como não cristã), querem uma espiritualidade interior e individual separada da tradição, da comunidade, de instituições ou religiões organizadas, ou seja, uma espiritualidade que não envolve o corpo e não está indissociavelmente inserida em rede com outros corpos. Como descreveremos na próxima seção deste livro, essa visão das pessoas está em desacordo com a antropologia filosófica e teológica atual, incluindo o que se sabe sobre a natureza da mente a partir dos avanços na ciência psicológica e na neuropsicologia.

Para autores como Thomas e Clapp, a espiritualidade cristã está totalmente incorporada e inextricavelmente inserida na comunidade. No entanto, em sua reação à interioridade e ao individualismo, há uma falta de clareza sobre *por que* a fé e a vida cristã são mais bem compreendidas como enraizadas em congregações e comunidades. Ou seja, encontramos uma lacuna significativa nesses argumentos com respeito ao que há no funcionamento humano que é mais robusto quando as pessoas estão conectadas em rede com outras pessoas. Na Seção 2, tentamos responder à questão do *porquê* relacionada aos indivíduos em comunidades.

---

[36] Ibidem, p. 88-89.

SEÇÃO 2

A natureza das pessoas

POR QUE A VIDA CRISTÃ É MAIS ROBUSTA quando as pessoas estão conectadas em rede com outros cristãos? Nesta seção, tentaremos responder a essa pergunta fornecendo o que acreditamos ser uma visão mais clara da natureza humana. A visão vem, em grande parte, do trabalho em filosofia da mente, particularmente no que diz respeito à natureza incorporada, inserida [*embedded*] e estendida da mente e da inteligência humanas.

Assim, o capítulo 3 (sobre a corporificação da personalidade) descreve os argumentos básicos quanto à natureza física da mente humana. Estamos particularmente preocupados em deixar claro que tal visão não elimina nem prejudica uma rica compreensão da fé e da vida cristã. Na verdade, é nossa opinião que uma concepção corporificada das pessoas coloca a vida e a prática cristãs em uma fundação mais sólida.

Mesmo que a mente seja física, argumentamos no capítulo 4 (sobre a extensão física da mente) e no capítulo 5 (sobre a extensão social da mente) que não se pode considerá-la limitada à atividade do cérebro, ou mesmo do cérebro mais o corpo. Mais do que isso, a mente é constituída por um acoplamento interativo de cérebro, corpo e mundo. No capítulo 4, destacamos como a mente humana é ampliada pela interface do cérebro e do corpo com vários artefatos e ferramentas físicas extracorpóreas. O capítulo 5 desenvolve as noções de interface com artefatos fora do corpo e a corporificação desses elementos, por meio de uma discussão de como a inteligência e a mente são expandidas no contexto das interações interpessoais. A mensagem clara que emerge dos argumentos sobre a natureza estendida da mente é que a inteligência humana é constituída e enriquecida pela forma como nos relacionamos funcionalmente com — e incorporamos aspectos de — nossos ambientes físicos e sociais, em vez de a inteligência ser o resultado de quão inteligentes somos quando operamos inteiramente por nossa conta. Embora o assunto tenha alguma relevância aqui, deixamos para o capítulo 8 a discussão sobre extensão a abrangências mais amplas do conhecimento e da cultura acumulados.

Capítulo 3 | Mentalizando corpos

No capítulo anterior, revisamos os temas principais do ensino recente sobre formação espiritual, bem como algumas das críticas a essa concepção de espiritualidade. A crítica primordial centrou-se no foco quanto aos estados internos de alma/espírito/*self*.[1] Como consequência, a vida cristã exterior, corporal e "enativada" é entendida como uma manifestação secundária da realidade mais importante, que é o estado interior. A vida exterior de um cristão seria importante apenas na medida em que refletisse uma vida interior madura e vibrante.[2]

Em nosso livro anterior, *The Physical Nature of Christian Life* [A natureza física da vida cristã], descrevemos como a origem dessa visão da espiritualidade está apoiada no dualismo corpo-alma — a ideia de que as pessoas são uma combinação de duas partes distintas, um corpo e uma alma. Essa tem sido a visão dominante da natureza humana na cultura ocidental e na igreja desde a época de Agostinho. O que se segue neste capítulo é uma revisão e uma expansão da alternativa ao dualismo, ou seja, a corporificação da natureza humana. Nossa intenção neste capítulo é ancorar nossos argumentos em uma compreensão das pessoas como fisicamente *corporificadas* e situacionalmente *inseridas*, em vez de compreendê-las como *selfs* ou almas enclausuradas em corpos. Com essas ideias em mente, os dois próximos capítulos adentram o tema principal deste livro: a

---

[1] Mais uma vez, reconhecemos que diferentes autores usam esses termos de maneiras distintas, mas nós os usamos de modo intercambiável, reconhecendo a necessidade de haver diferentes formas de descrever alguns aspectos de pessoas humanas como seres integrais e muito complexos.
[2] Parte do material dos capítulos 3 a 5 foi adaptada de Warren S. Brown, "Knowing Ourselves as Embodied, Embedded and Relationally Extended", *Zygon* 52, nº 3 (2017): 864-79. DOI: 10.1111/zygo.12349.

tese de que os humanos são seres *estendidos*, que são capazes de incluir em suas operações mentais e vidas cristãs pessoas e objetos exteriores a seus próprios corpos.

DUALISMO CORPO-ALMA

O dualismo corpo-alma afirma que os seres humanos são compostos de duas partes distintas, um corpo material e uma "mente" ou "alma" não material (esses dois termos não são distinguidos nos primeiros escritos filosóficos e funcionam de forma equivalente no contexto desta discussão). Na maioria das formas de dualismo, a alma/mente é considerada (pelo menos implicitamente) superior ao corpo e deve governá-lo. Assim, a alma/mente é entendida como fonte de tudo que é distinta e significativamente humano — racionalidade, sociabilidade, espiritualidade, identidade pessoal etc. Além disso, apenas a alma é imortal, enquanto o corpo é mortal e sujeito à decomposição.[3]

O filósofo medieval René Descartes forneceu o que talvez tenha sido a afirmação mais radical de uma distinção entre corpo e mente/alma. Já que Descartes não conseguia imaginar que o pensamento racional fosse algo que pudesse ser feito por um corpo, através de processos fisiológicos, propôs que o pensamento não era um processo material. Assim, a racionalidade tinha de ser substancialmente diferente e distinta das funções do corpo e de suas ações no mundo. Pensar tinha de ser um processo imaterial e desincorporado. Assim, para Descartes, o pensamento era realizado por uma alma/mente imaterial, que era oculta, privada e disponível apenas por meio da introspecção. As ações do corpo eram realizadas de maneira secundária pela mente racional e não material, ao interagir com o corpo material irracional.

As visões de Descartes foram baseadas na obra de Agostinho, muitos séculos antes. O impacto de Agostinho foi descrito como a "virada para dentro".[4] Agostinho seguiu o antigo filósofo grego Platão, para

---

[3] O dualismo corpo-alma foi bem descrito e criticado por Nancey Murphy em sua introdução e capítulo publicado em Warren S. Brown, Nancey Murphy e Newton Malony, orgs., *Whatever Happened to the Soul? Scientific and Theological Portraits of Human Nature* [O que aconteceu com a alma? Retratos científicos e teológicos da natureza humana] (Minneapolis: Fortress Press, 1998), p. 1-29, 127-48.

[4] Phillip Cary, *Augustine's Invention of the Inner Self: The Legacy of a Christian Platonist* [A invenção do eu interior de Agostinho: o legado de um cristão platônico] (Oxford, UK: Oxford University Press, 2000).

quem os objetos físicos (como o corpo) eram meras sombras de formas ideais. Assim, a pessoa real não pode ser o corpo físico, mas deve ser uma forma imaterial. Para Agostinho, essa realidade imaterial da pessoa era uma alma/mente interior. Assim, conhecer a si mesmo implicava voltar-se para dentro, em introspecção. Ou seja, da forma como Agostinho o descreveu, o pensar equivale à exploração do mundo interior e imaterial da mente/alma. Dos ensinamentos de Agostinho, surgiu a compreensão moderna da vida espiritual e das disciplinas espirituais como compostas de eventos internos e estados subjetivos, conforme revisamos nos capítulos anteriores.

O dualismo dificilmente se mantém à luz da neurociência moderna, pois a maioria das experiências e capacidades humanas tem demonstrado emergir de padrões identificáveis de atividade cerebral. Capacidades como pensamento racional, experiência emocional, relacionalidade interpessoal, deliberação moral e até mesmo experiências religiosas surgem de processos cerebrais que, em sua maioria, já foram identificados e descritos, pelo menos de forma aproximada.[5] Embora existam diferenças científicas de opinião e teoria sobre os detalhes dos processos cerebrais envolvidos nessas capacidades cognitivas superiores, há pouca dúvida sobre a incorporação física dos fenômenos mentais (mais claramente ilustrados por sua ausência ou por deficiência, decorrentes de certas formas de danos cerebrais). Até mesmo o chamado "problema difícil" [*hard problem*] da consciência subjetiva[6] foi atacado por boas teorias neurobiológicas.[7] À luz disso, uma alma/

---

[5] Esse ponto foi discutido em Malcolm A. Jeeves e Warren S. Brown, *Neuroscience, Psychology, and Religion: Illusions, Delusions, and Realities about Human Nature* [Neurociência, psicologia e religião: ilusões, delírios e realidades sobre a natureza humana] (West Conshohocken, PA: Templeton Foundation Press, 2009). Com respeito à neurociência das experiências religiosas, veja Warren S. Brown, "The Brain, Religion, and Baseball: Comments on the Potential for a Neurology of Religion", in *Where God and Science Meet: How Brain and Evolutionary Studies Alter Our Understanding of Religion; Volume II: The Neurology of Religious Experience* [Onde Deus e a ciência se encontram: como o cérebro e os estudos evolutivos alteram nosso entendimento da religião; Volume II: A neurologia da experiência religiosa], org. Patrick McNamara (Westport, CT: Praeger Publishers, 2006), p. 229-44. Embora pareça que todo o complemento das capacidades cognitivas humanas seja neurobiologicamente corporificado, elas são, no entanto, em sua plena manifestação, propriedades não redutíveis emergentes do todo cérebro/corpo/mundo. Sua complexidade emergente frequentemente exige uma linguagem mentalística, que não precisa sinalizar para o dualismo mente/corpo.

[6] David Chalmers, "Facing Up to the Problem of Consciousness", *Journal of Consciousness Studies* 2, n° 3 (1995): 200-219.

[7] Antonio Damasio, *The Feeling of What Happens: Body and Emotion in the Making of Consciousness* [O sentimento do que acontece: corpo e emoção na formação da consciência] (Nova York: Harcourt, 1999); Gerald Edelman and Giulio Tononi, *Consciousness: How Matter Becomes Imagination* [Consciência: como a matéria se torna imaginação] (Londres: Allen Lane, 2000).

mente imaterial não parece explicar muito.[8] Isso não significa, entretanto, que as pessoas possam ser reduzidas a moléculas e átomos. E não se pretende sugerir que os humanos sejam simplesmente criaturas determinadas, que não têm livre-arbítrio. Discutiremos isso a seguir; por ora, nosso ponto é que ser cristão e compreender a singularidade humana não requerem postular algo imaterial e imortal *dentro* da pessoa. O que torna os humanos únicos tem muito mais a ver com a maneira segundo a qual Deus *escolhe interagir* com os humanos, que são parte de sua criação física.

Propusemos em outro livro que o dualismo também é problemático por causa de seu impacto em nossa compreensão da vida humana e na teologia prática da vida cristã. Se essa alma interior é superior ao corpo e o governa, e se é a alma que é eterna, então cada pessoa deve, antes de mais nada, concentrar-se em cuidar e nutrir a própria alma. Consequentemente, o corpo e o comportamento exterior são prioridades secundárias. A tarefa primordial da igreja, então, passa a ser a de promover a mudança interior (salvação das almas) e, somente se o tempo e a energia permitirem, deve-se prestar atenção ao bem-estar físico, econômico e social de outras pessoas.[9]

Apesar da rejeição quase universal do dualismo mente/corpo na moderna filosofia da mente, na ciência cognitiva e na neurociência, as implicações da visão agostiniana/cartesiana da natureza humana persistem na neurociência, que foi caracterizada como cartesiana pelo filósofo Daniel Dennett.[10] Dennett argumenta que a maioria dos cientistas de hoje concordaria que o pensamento é uma propriedade dos processos neurais. No entanto, o cérebro é entendido como um processador de informações abstratas funcionalmente separado do restante do corpo. Assim, o dualismo *mente-corpo* da visão cartesiana/agostiniana foi substituído pelo dualismo *cérebro-corpo*, ou seja, o materialismo cartesiano. De acordo com essa visão, o corpo interage com o cérebro por meio de entradas sensoriais

---

[8] O argumento de que a ideia de uma alma/mente imaterial não parece explicar muito não torna esse dualismo incoerente, mas tão somente uma construção aparentemente desnecessária.

[9] Warren S. Brown; Brad D. Strawn, *The Physical Nature of Christian Life* [A natureza física da vida cristã] (Cambridge, UK: Cambridge University Press, 2012). Veja também Warren S. Brown; Sarah D. Marion; Brad D. Strawn, "Human Relationality, Spiritual Formation, and Wesleyan Communities" in: *Wesleyan Theology and Social Science: The Dance of Practical Divinity and Discovery* [Teologia wesleyana e ciências sociais: a dança da divindade prática e da descoberta], orgs. M. Kathryn Armistead; Brad D. Strawn; Ronald W. Wright (Cambridge, UK: Cambridge University Press, 2010), p. 95-112.

[10] Daniel C. Dennett, *Consciousness Explained* [Consciência explicada] (Little, NY: Brown & Co., 1991).

e saídas motoras que requerem a codificação de informações em representações neurais abstratas — como sequências de bits em um computador digital. Na verdade, o cérebro é visto como um computador neural ao qual um corpo foi conectado, da mesma forma que conectamos periféricos, como teclados e impressoras, a computadores digitais. Essa compreensão da mente é conhecida como o *modelo de processamento de informações* e tem sido predominante na psicologia cognitiva e na neurociência nos últimos cinquenta anos.[11] Claramente, é difícil escapar de séculos de filosofia ocidental, que ignorou o corpo em favor de uma realidade interior (seja alma ou cérebro), que seria a pessoa *real*.

Assim, conhecer a si mesmo na visão de mundo cartesiana (seja o mundo agostiniano/cartesiano do dualismo corpo-mente, seja o mundo mais moderno do materialismo cartesiano) é prestar atenção ao que está acontecendo nos recônditos íntimos e privados da alma/mente ou do cérebro por introspecção. O que devemos saber sobre nós mesmos no mundo conceitual de Descartes e Agostinho é a natureza de um ser interior fantasmagórico, efêmero, imaterial. No mundo do materialismo cartesiano, deve-se conhecer o estado atual de uma nuvem computacional neural. Em ambos os casos, essas construções internas estão apenas remotamente conectadas ao corpo e ao comportamento de uma pessoa, ou ao mundo externo em que ela habita.

FISICALISMO, CORPORIFICAÇÃO E INSERÇÃO

Nosso foco principal neste livro não é tanto criticar a visão cartesiana (esse trabalho foi feito em outras obras),[12] mas, começando com suas

---

[11] George A. Miller, "The Cognitive Revolution: A Historical Perspective", *Trends in Cognitive Sciences* 7, nº 3 (2003): 141-44.
[12] Joel B. Green, Body, *Soul, and Human Life: The Nature of Humanity in the Bible* [Corpo, alma e vida humana: a natureza da humanidade na Bíblia] (Grand Rapids: Baker Academic, 2008); Alicia Juarrero, *Dynamics in Action: Intentional Behavior as a Complex System* [Dinâmica em ação: comportamento intencional como um sistema complexo] (Cambridge, MA: MIT Press, 1999); Jeeves; Brown, *Neuroscience, Psychology and Religion* [Neurociência, psicologia e religião]; Nancey Murphy, *Bodies and Souls, or Spirited Bodies?* [Corpos e almas ou corpos espiritualizados?] (Cambridge, UK: Cambridge Press, 2006); Nancey Murphy; Warren S. Brown, *Did My Neurons Make Me Do It? Philosophical and Neurobiological Perspectives on Moral Responsibility and Free Will* [Meus neurônios me obrigaram a fazer isso? Perspectivas filosóficas e neurobiológicas sobre responsabilidade moral e livre-arbítrio] (Oxford, UK: Oxford University Press, 2007).

supostas dificuldades, pretendemos explorar uma alternativa mais corporificada, que seja fiel à teologia cristã. Será que, se o dualismo não é sustentável, a única outra opção seria um tipo de materialismo reducionista em que os humanos nada mais são do que moléculas e átomos, sem livre-arbítrio e sem agência moral? Felizmente, na psicologia, na filosofia e na teologia, há uma série de alternativas ao dualismo que parecem captar a natureza fundamental da pessoalidade, mas que também têm a vantagem de ser mais ressonantes com a ciência cognitiva e a neuropsicologia. Esses modelos recebem uma variedade de rótulos em debates filosóficos, como fisicalismo não redutivo, monismo emergente, monismo de aspecto dual, dualismo holístico emergente etc. Nessas perspectivas alternativas, o conceito de emergência de capacidades humanas a partir de padrões de atividade neurobiológica desempenha papel central. Geralmente, essas visões afirmam a natureza física fundamental da humanidade (ou seja, corporeidade), mas com um forte qualificador de que o funcionamento mental das pessoas não pode ser reduzido a "nada além de" fisiologia. Embora sejamos corpos físicos operando via processos fisiológicos, emerge desses processos uma vida mental genuína e eficaz, que experimentamos como o pensar, o decidir, o lembrar e o sentir. Na linguagem mais técnica da filosofia da mente, diríamos que o sistema físico hipercomplexo que é um ser humano apresenta aspectos da pessoa como um todo (como pensar, decidir e sentir) que emergem da interação contínua das partes (células, neurônios, sistemas neurais, cérebro etc.), mas que não podem ser considerados propriedades das próprias partes.[13] Portanto, a questão é que existem recursos nas teorias da corporificação que são consistentes com a ideia de as pessoas serem agentes reflexivos e responsáveis. Assim, não é necessário presumir que essas capacidades sejam manifestação de uma alma/mente imaterial. Nem é necessário presumir que essas propriedades sejam nada mais do que o resultado determinante dos processos celulares da neurobiologia.

---

[13] Murphy, *Bodies and Souls, or Spirited Bodies?* [Corpos e almas ou corpos espiritualizados?]; Murphy; Brown, *Did My Neurons Make Me Do It?* [Meus neurônios me obrigaram a fazer isso?]. Veja também Green, *Body, Soul, and Human Life*; Joel B. Green, org., *What About the Soul? Neuroscience and Christian Anthropology* [E a alma? Neurociência e antropologia cristã] (Nashville: Abingdon Press, 2004); e Jeeves; Brown, *Neuroscience, Psychology, and Religion* [Neurociência, psicologia e religião].

Entretanto, exatamente aquilo que emerge nas operações cognitivas do sistema físico hipercomplexo de um ser humano é condicionado pelo ambiente físico, social e cultural no qual ele está inserido. Particularmente durante o desenvolvimento humano, a mente forma suas capacidades, adquire conhecimento do mundo e se organiza por meio de interações com o mundo que ocupa. Um dos motivos pelos quais esse processo de influência ambiental é particularmente poderoso na espécie humana é que o córtex cerebral humano (a camada externa e enrugada na qual ocorre a maioria dos processos mentais de ordem superior) se desenvolve mais lentamente do que o de outros primatas. O lento desenvolvimento físico do cérebro permite um período mais longo de abertura no desenvolvimento de seus conhecimentos e capacidades para interagir, de forma efetiva, com o meio ambiente. Assim, embora a genética certamente desempenhe papel geral no desenvolvimento mental, a maioria dos padrões de conectividade funcional dentro do cérebro que emergem como "mente" surge em resposta direta aos desafios e às interações ambientais. Somos formados pelas características de nossa inserção física e social.[14] Balswick, King e Reimer descrevem uma compreensão de desenvolvimento semelhante em sua obra, *The Reciprocating Self* [O eu recíproco]. Eles conceituam o desenvolvimento humano como um processo recíproco entre a pessoa e o meio ambiente, e se aprofundam no que isso significa para seres humanos feitos à imagem de Deus.[15]

A melhor explicação de como as propriedades de ordem superior (como a mente) emergem em um sistema hipercomplexo (como o cérebro e o corpo humanos), em resposta aos desafios ambientais, pode ser encontrada na pesquisa teórica sobre sistemas dinâmicos complexos.[16] Embora um tanto técnica, a teoria de sistemas dinâmicos fornece uma explicação razoável de como novos conhecimentos e capacidades emergem à medida que esse sistema muito complexo, que é o cérebro, vai

---

[14] Steven Quartz; Terrence J. Sejnowski, *Liars, Lovers, and Heroes: What the New Brain Science Reveals About How We Become Who We Are* [Mentirosos, amantes e heróis: o que a nova ciência do cérebro revela sobre como nos tornamos quem somos] (Nova York: William Morrow, 2003).
[15] Jack O. Balswick; Pamela Ebstyne King; Kevin S. Reimer, *The Reciprocating Self: Human Development in Theological Perspective*, 2nd ed. [O eu recíproco: desenvolvimento humano em perspectiva teológica] (Downers Grove, IL: InterVarsity Press, 2016).
[16] Juarrero, *Dynamics in Action* [Dinâmica em ação].

organizando seus padrões de interatividade neural a fim de melhorar a capacidade humana de enfrentar novos desafios ambientais (físicos, sociais ou culturais). Quando o sistema biológico muito complexo que sou "eu" enfrenta um novo desafio adaptativo, os elementos dentro de mim devem reorganizar seus padrões de interatividade para expressar comportamentos que atendam ao novo desafio — o que chamamos de "aprendizagem". Assim, se o cérebro/corpo é um sistema dinâmico complexo (como muitos acreditam),[17] então as propriedades e capacidades da mente são formadas ao longo da vida conforme a pessoa vai enfrentando novos desafios adaptativos e é forçada a se reorganizar para enfrentá-los. O impacto dos processos contínuos de reorganização é particularmente evidente no desenvolvimento da "mente" das crianças, mas também é um processo contínuo na idade adulta.

O CORPO COMO RAIZ DA MENTE

A neurociência tem tornado cada vez mais claro que a atividade mental é um resultado funcional da atividade fisiológica do cérebro. Esse é um dos significados da ideia de "corporificado" — ou seja, que a alma/mente não é uma parte imaterial (como no dualismo), mas, sim, resultado do processo físico do cérebro. No entanto, como vimos, esse conceito restrito de corporificação é congruente com o materialismo cartesiano — basta meramente considerarmos "alma" ou "mente" exclusivamente incorporada dentro do cérebro e ficaremos com o dualismo cérebro-corpo.

No entanto, a ideia de *cognição incorporada* vai além da mera afirmação da fisicalidade da mente. A cognição incorporada sustenta que o processo de pensar realmente envolve todo o corpo, ou seja, o que chamamos de nossa "mente" baseia-se nas interações entre o cérebro e o corpo e não depende apenas dos processos cerebrais.[18] Como a cognição se refere à ação, os constituintes básicos do pensamento e da mente emergem de

---

[17] Juarrero, *Dynamics in Action* [Dinâmica em ação]; Murphy; Brown, *Did My Neurons Make Me Do It?* [Meus neurônios me obrigaram a fazer isso?].
[18] Andy Clark, *Being There: Putting Brain, Body, and World Together Again* [Estar lá: juntando cérebro, corpo e mundo novamente] (Cambridge, MA: MIT Press, 1997); e John A. Teske, "From Embodied to Extended Cognition" [Da corporificação à cognição estendida], *Zygon* 48 (2013): 759-87.

rápidos *loops* interativos cérebro-corpo — decisões tomadas no cérebro acerca da ação imediata, depois a atividade corporal, depois o *feedback* sensorial em relação ao resultado da ação e, em seguida, ajustes para ações posteriores, e assim por diante. Por exemplo, o processo mental de multiplicar dois números de três dígitos (algo muito difícil, talvez até mesmo impossível de fazer apenas de cabeça) envolve *loops* constantes de ação-*feedback*-próxima ação (normalmente envolvendo papel e lápis), ou seja, multiplicar cada dígito do segundo número pelo primeiro dígito do primeiro número, enquanto anota os resultados à medida que avança, incluindo a indicação de quaisquer valores transportados e, em seguida, procede à multiplicação do segundo número pelo segundo dígito do primeiro, e assim por diante. Cada pequena etapa serve para indicar a próxima etapa com base no *feedback* do cálculo em andamento. Mente (ou "pensar") é o nosso engajamento continuado via ação-*feedback* na situação com a qual devemos interagir no momento. A mente é constituída por *loops* de ação.[19]

A relação entre corpo e mente, e a organização do conteúdo da mente a partir das experiências de vida, têm implicações para a natureza de mentes particulares — a razão pela qual a mente de uma pessoa pode ser diferente da de outra. Se as pessoas tivessem experiências físicas diferentes, teriam mentes constituídas de maneiras distintas. Considere o seguinte: se você tivesse o *corpo* de um elefante, mas o mesmo *cérebro* físico que tem, você teria uma *mente* muito diferente, porque sua mente teria sido construída a partir de suas experiências corporais de interação com o mundo. Se você tivesse o corpo de um elefante, teria construído sua mente por meio de maneiras muito diferentes de interagir com o mundo — por exemplo, usando a tromba em vez das mãos para manipular coisas e aprender sobre as propriedades dos objetos. Portanto, na medida em que as experiências corporais de uma pessoa tenham sido diferentes das de outra, suas mentes também serão.[20]

---

[19] A ideia de mente como um *loop* de processamento é explorada em detalhes por Douglas Hofstadter, *I Am a Strange Loop* [Eu sou um estranho *loop*] (Nova York: Basic Books, 2007). Veja também Murphy; Brown, *Did My Neurons Make Me Do It?* ? [Meus neurônios me obrigaram a fazer isso?]; e Jeeves; Brown, *Neuroscience, Psychology, and Religion* [Neurociência, psicologia e religião].

[20] Essa também é uma maneira interessante de pensar sobre as diferenças de culturas. Pessoas em culturas diferentes vivenciam e interagem de maneiras distintas com ambientes diferentes, tanto físicos como sociais.

Essa ideia da relação entre corpo e mente também pode ser compreendida ao se imaginar a vida de um indivíduo nascido sem mãos ou braços. Essa pessoa entraria em contato com o mundo de maneira diferente, por exemplo, manipulando objetos com os pés, e não com as mãos. Portanto, a experiência da pessoa com esses objetos seria um tanto diferente. Alguns objetos poderiam ser conhecidos apenas pela visão, pois seriam objetos que pessoas com um corpo típico poderiam manusear com as mãos, mas que não poderiam ser explorados e manipulados com os pés. Em algumas áreas (não todas, é claro), essa pessoa teria uma mente construída a partir de tipos de experiências e interações com o mundo diferentes das de uma pessoa com mãos e braços — não necessariamente melhores ou piores, mas certamente diferentes.

Christian Keysers, ao estudar os fenômenos associados aos neurônios-espelho, descreve os eventos cerebrais associados à visualização de imagens das atividades manuais de outros indivíduos.[21] Ao visualizar a foto de uma pessoa bebendo em um copo, a área do braço e da mão no córtex motor torna-se ativa em pessoas com morfologia corporal típica. Isso sugere que entendemos imagens de ações usando nossos próprios sistemas motores para passar implicitamente pelas mesmas ações. Porém, em uma pessoa que nasceu sem braços, que usa os pés para manipular objetos, a área dos pés torna-se ativa ao visualizar essa mesma imagem. Ou seja, quando se deve beber de um copo usando o pé, as áreas motoras do cérebro que controlam o pé tornam-se ativas ao ver outras pessoas bebendo em copos, mesmo que a pessoa na imagem o faça usando as mãos e os braços. A compreensão de uma pessoa sobre copos e bebidas é formada pela história das interações incorporadas dessa pessoa com copos e bebidas — por exemplo, manual ou pedal.

Se entendermos o mundo por meio de interações corporais, como chegaremos a entender ideias abstratas que não tenham nenhuma referência direta aparente a coisas ou eventos físicos — como "democracia" ou "raiz quadrada de -1"? Vários filósofos da mente sustentam que mesmo conceitos abstratos, que parecem não ter nenhuma representação corporificada

---

[21] Christian Keysers, *The Empathic Brain: How the Discovery of Mirror Neurons Changes Our Understanding of Human Nature* [O cérebro empático: como a descoberta dos neurônios-espelho muda nossa compreensão da natureza humana] (*self-pub.*, Amazon Digital Services, 2011), Kindle.

particular, são compreendidos por meio de extensões metafóricas de experiências corporais associadas à ação — ou pelo menos essas ideias começam dessa maneira.[22] Por exemplo, o conceito de "tempo" é abstrato — ou seja, não parece referir-se a nada no mundo físico com o qual possamos interagir fisicamente. No entanto, compreendemos a ideia abstrata de tempo usando metáforas baseadas no movimento corporal — o tempo passa, diminui ou se arrasta, corre ou voa; os eventos estão no passado (nós os deixamos para trás) ou no futuro (à nossa frente). Assim, um vínculo metafórico com as experiências sensoriais e motoras do movimento fornece uma base corporificada para a semântica da ideia abstrata de tempo.

PENSAMENTO REFLEXIVO CORPORAL

Mas o que dizer dos momentos em que pensamos, mas não agimos? Isso não é uma evidência *contra* a ideia de que o pensamento envolve todo o nosso corpo? Obviamente, temos momentos de reflexão, como, por exemplo, quando estamos sentados em uma poltrona, apenas pensando sobre isso ou aquilo. Se é verdade que nossas mentes são formadas pela ação no mundo, e o pensar serve para agir, então a ação também deve estar envolvida nessa reflexão — nos processos aparentemente *off-line*, introspectivos e inativos de ruminação.

A maioria dos teóricos que endossa uma visão corporificada da mente considera o pensamento reflexivo um processo de *simulação* sensório-motora *off-line*.[23] Pensamos imaginando (ou seja, simulando dentro de nossos sistemas motores) ações que poderíamos realizar em vários contextos imaginários. Mesmo quando nossos corpos estão quietos, pensamos simulando (imaginando) interações incorporadas. A ação simulada realiza o pensamento, mas também o faz a experiência sensorial simulada — relembrando

---

[22] George Lakoff; Mark Johnson, *Philosophy in the Flesh: The Embodied Mind and Its Challenge to Western Thought* [Filosofia na carne: a mente incorporada e seu desafio para o pensamento ocidental] (Nova York: Basic, 1999); Mark L. Johnson, *The Meaning of the Body: Aesthetics of Human Understanding* Chicago [O significado do corpo: estética da compreensão humana] (Chicago: University of Chicago Press, 2007); George Lakoff; Rafael Nuñez, *Where Mathematics Comes From: How the Embodied Mind Brings Mathematics Into Being* [De onde vem a matemática: como a mente incorporada traz a matemática à existência] (Nova York: Basic Books, 2000).

[23] Germund Hesslow, "The Current Status of the Simulation Theory of Cognition", *Brain Research* 1428 (2012): 71-79.

a natureza visual, auditiva ou tátil de coisas experimentadas no passado, bem como revivendo a provável sensação corporal de ações imaginadas. Quando sonhamos acordados com nosso local de férias favorito ou com a atividade recreativa, estamos reconstituindo em nosso sistema nervoso os resquícios das experiências sensoriais e motoras recordadas.[24]

Mais importante ainda: muito do que experimentamos como pensamento envolve a simulação de interações discursivas. Simulamos conversas com outras pessoas específicas, com pessoas indefinidas ou talvez com nós mesmos. Ao escrever textos de vários tipos e formular várias frases possíveis, você poderá perceber que está se imaginando realmente dizendo essas frases. Pensar no que escrever é simular coisas que você pode dizer ao leitor. E o processo de digitação das palavras é acompanhado por uma experiência interior quase audível de dizer as palavras que estão sendo digitadas. Assim, nossos pensamentos privados são ensaios (simulações) de ações potenciais — coisas que podemos dizer ou fazer em circunstâncias particulares, e o provável impacto de dizer ou fazer tais coisas. Nosso diálogo interior envolve ensaios corporificados de coisas que podemos dizer em contextos sociais imaginários.

O fenômeno dos neurônios-espelho (descrito anteriormente) deixa claro que podemos, de fato, executar programas sensório-motores em nossos cérebros *off-line*, e que é esse tipo de simulação que constitui nossa compreensão dos outros, de nós mesmos e do mundo — particularmente do mundo social.[25] Os neurônios-espelho são neurônios (principalmente dentro dos sistemas motores do cérebro) que respondem ao *visualizar* a atividade de outro indivíduo da mesma maneira que fazem quando é o observador que está *realizando* aquela mesma atividade motora. Assim, a compreensão das ações de outra pessoa parece exigir modelagem (simulação) da atividade que está sendo observada dentro de seus próprios sistemas de controle motor. Mas a atividade dos sistemas motores do cérebro envolvidos nesse espelhamento não se expressa em ações corporais. Podemos executar simulações de atuação *off-line* — ou seja, sem realmente

---

[24] Teremos mais a dizer sobre isso mais adiante, quando discutirmos as disciplinas espirituais praticadas a sós.
[25] Keysers, *The Empathic Brain* [O cérebro empático].

realizar as ações. Saber o significado e as intenções do comportamento de outras pessoas é algo realizado por simulação motora de maneira semelhante aos nossos processos de pensamento reflexivo.

HUMORES, EMOÇÕES E AVALIAÇÕES INCORPORADOS

A relação entre mente e corpo também inclui as influências do estado atual de nossos corpos quanto ao que experimentamos, como nosso humor, nossas emoções e avaliações. Utilizamos as reações de nossos corpos para fazer julgamentos sobre a qualidade emocional das situações. Julgamos o estado emocional de outras pessoas, ou a qualidade emocional de palavras e imagens, sentindo implicitamente mudanças muito sutis em nossos próprios corpos e expressões faciais. Se algo for feito para evitar uma reação facial, os julgamentos das emoções tornam-se menos precisos. Por exemplo, é mais difícil apreciar (fazer julgamentos precisos) o sorriso de outra pessoa se nossa própria capacidade de sorrir for bloqueada — como, por exemplo, quando seguramos um lápis com os lábios de forma que faça nossos lábios enrugar-se e nossa testa franzir. Segurar o lápis transversalmente entre os dentes, forçando uma expressão sorridente em nossos lábios, bochechas e sobrancelhas, aumenta nossa capacidade de detectar sorrisos em imagens de rostos com precisão, mas torna mais difícil o julgamento preciso de expressões sisudas.[26]

A confirmação da ideia de que nossa própria capacidade de expressão facial afeta a capacidade de julgar as expressões faciais de outras pessoas vem de estudos com mulheres que receberam injeções de Botox para tratamento cosmético de rugas de expressão. Esse tratamento evita expressões de testa franzida. Um efeito colateral do tratamento é a redução na capacidade de fazer julgamentos precisos de expressões emocionais sutis no rosto de outras pessoas. Quando seu rosto não está carrancudo, você não consegue apreciar a expressão carrancuda dos outros.[27] No entanto, outro efeito

---

[26] Jamin Halberstadt; Piotr Winkielman; Paula M. Niedenthal; Nathalie Dalle, "Emotional Conception: How Embodied Emotion Concepts Guide Perception and Facial Action", *Psychological Science* 20, n° 10 (2009): 1254-61, https://doi.org/10.1111/j.1467-9280.2009.02432.x.
[27] Juan Carlos Baumeister; Guido Papa; Francesco Foroni, "Deeper than Skin Deep: The Effect of Botulinum Toxin-A on Emotion Processing", *Toxicon* 118 (2016): 86-90, https://doi.org/10.1016/j.toxicon.2016.04.044.

colateral interessante do tratamento com Botox nas linhas de expressão foi a redução dos níveis de depressão. Quando seu rosto não mais se franze facilmente, você se sente menos deprimido.[28]

Também é verdade que as percepções e avaliações de nosso contexto físico são afetadas pelo estado do corpo. Por exemplo, os julgamentos sobre a inclinação de uma colina ou a distância que deve ser percorrida para se alcançar um objeto visto a distância são afetados pelo fato de a pessoa estar ou não usando uma mochila pesada ou de se encontrar particularmente cansada. O julgamento não é feito apenas com base nas informações visuais, mas na interação entre o que vemos e quanta energia estimamos implicitamente que nos levará para mover nossos corpos morro acima ou em direção ao objeto distante.[29]

Por fim, as memórias são tão profundamente incorporadas que interagem com nossas emoções ou posturas corporais atuais. Assim, demonstrou-se que as memórias de eventos passados são facilitadas ou inibidas pelo fato de nossa emoção atual ser compatível com a memória. Além disso, a memória é intensificada pela adoção de uma postura corporal consistente com a postura de nosso corpo durante o evento a ser lembrado. Por exemplo, a memória de um evento que ocorreu durante uma corrida é mais provável de se dar, e provavelmente será mais precisa, enquanto a pessoa estiver correndo. Correr ativa memórias de corridas porque nossas memórias são constituídas por nossas experiências corporais.[30]

COGNIÇÃO INCORPORADA E INTELIGÊNCIA ARTIFICIAL

A teoria da corporificação da mente humana levanta questões sobre como entender a inteligência artificial (IA), ou seja, a inteligência incorporada em sistemas não biológicos. Como a IA ilumina nossa compreensão da natureza humana e da corporificação da mente?

---

[28] Tillmann H. C. Kruger; M. Axel Wollmer, "Depression — An Emerging Indication for Botulinum Toxin Treatment", *Toxicon* 107 (2015): 154-57, https://doi.org/10.1016/j.toxicon.2015.09.035
[29] Dennis R. Proffitt, "Embodied Perception and the Economy of Action", *Perspectives on Psychological Science* 1, nº 2 (2006): 110-22.
[30] Katinka Dijkstra; Michael P. Kaschak; Rolf A. Zwaan, "Body Posture Facilitates Retrieval of Autobiographical Memories", *Cognition* 102 (2007): 139-49.

O primeiro ponto a ressaltar é que tais sistemas são claramente inteligentes — em muitos casos, de maneira notável. Não é um erro rotular esses artefatos digitais criados por seres humanos como detentores de "inteligência". Esses sistemas podem fazer cálculos incrivelmente complexos com maior rapidez e em maior volume do que qualquer ser humano. Eles podem aprender coisas (por exemplo, redes neurais). Eles podem detectar o significado da fala e responder adequadamente (por exemplo, Siri e Alexa). Eles podem reconhecer imagens visuais complexas como rostos e podem, se são móveis, navegar em ambientes complexos.

O fato de que sistemas materiais não humanos (como computadores) podem incorporar tal inteligência de alto nível é um argumento para a possibilidade da incorporação física da racionalidade (uma possibilidade que Descartes não poderia compreender, uma vez que não possuía um PC). No caso de um computador, a incorporação física é a materialidade real do computador. No caso dos seres humanos, a incorporação é biológica (neurofisiológica) e a natureza da incorporação física faz toda a diferença.

Ao encontrar IA presente em sistemas robóticos, é fácil ser capturado pelas impressionantes semelhanças externas com os seres humanos. Alguns dos sistemas de IA mais sofisticados são incorporados em corpos robóticos mecânico-digitais de aparência humana (por exemplo, ASIMO da Honda, o robô R5 da NASA e o Atlas da DARPA). Embora não tenham corpos semelhantes aos dos seres humanos, sistemas como Siri e Alexa falam conosco com vozes humanas bastante calorosas e agradáveis. Em muitos casos, a IA que encontramos parece tão humana que facilmente lhe imputamos humanidade e um mínimo de personalidade.

Portanto, a IA e os sistemas robóticos levantam questões inevitáveis sobre o que significa ser humano. O que está incorporado na IA ou nos sistemas robóticos é inteligência *humana* ou inteligência de outro tipo? Embora nossa atenção seja prontamente capturada por semelhanças na aparência externa e nos comportamentos, é importante considerar a natureza da incorporação física e o que ela significa para a natureza da inteligência. Temos discutido as implicações da cognição *incorporada*, que defende a participação de todo o corpo na inteligência humana. A natureza do corpo influencia a natureza da mente (por exemplo, se você tivesse o mesmo cérebro, mas o corpo de um elefante, teria uma mente muito diferente). Embora nos tenhamos concentrado no impacto das diferenças no corpo externo, o mesmo argumento vale para as diferenças nos sistemas internos do corpo e como eles estão envolvidos nos processos mentais.

Em primeiro lugar, se você simplesmente comparar até mesmo um supercomputador com o cérebro humano, concluirá que há uma notável diferença de complexidade. O cérebro humano (para não mencionar o corpo humano) é a coisa mais complexa do universo. Além disso, não é uma máquina digital. Embora alguns fenômenos neurais pareçam ser digitais (ou seja, as informações disponíveis na taxa de potenciais de ação que fluem pelo axônio de um neurônio), existem muitas formas de cálculos analógicos muito complicados, que estão complexamente emaranhados nas redes de processamento.

Além disso, os sistemas de IA são sistemas de processamento de informações computacionais, como já descrevemos. A inteligência nesses sistemas é o produto de cálculos executados em códigos abstratos. As informações do mundo devem ser re-representadas em formato digital para que sejam submetidas a cálculos — que denotam inteligência — de abstrações. No ser humano, a informação permanece em formas sensoriais e motoras e não precisa ser re-representada. Assim, o pensamento ocorre por meio de simulações de ações sensório-motoras que envolvem todo o corpo (inclusive a simulação de atos de fala). O envolvimento do corpo no ato de pensar pode ser facilmente experimentado nas respostas emocionais autônomas, que frequentemente acompanham nossos pensamentos. O corpo, no processamento mental humano, não é um conjunto de dispositivos periféricos minimamente interconectados, mas está diretamente envolvido no processamento. Portanto, a natureza do corpo constitui a natureza da mente.

Como as emoções são primariamente sensações autônomas do corpo, não é possível para um sistema robótico ter emoções verdadeiramente humanas. O significado de "emoções" em sistemas de IA que tentam levar as emoções em conta é um código digital para um estado, talvez calculado a partir de informações abstratas coletadas de forma codificada do ambiente, que pode ser usado para calcular os padrões de reação — como ver um rosto configurado em medo e, assim, criando um código abstrato para representar o "medo", mas sem saber o que é fisicamente ter medo. Como não há um corpo com um sistema autônomo — portanto, as informações disponíveis sobre aspectos como frequência cardíaca, fluxo sanguíneo (como rubor), tensão muscular etc. —, não pode haver em um robô o mesmo tipo de sentimento que entendemos como nossas emoções.

Outra implicação dessa diferença na incorporação da cognição é que uma unidade de IA ou um sistema robótico não podem espelhar o comportamento de outras pessoas da mesma maneira que os humanos. No início deste capítulo, descrevemos os neurônios-espelho dentro do cérebro humano. São neurônios descobertos pela primeira vez no sistema motor (mas também encontrados em outros lugares) que respondem quando uma pessoa se move (age) ou vê outra pessoa agir da mesma maneira. Compreendemos as ações dos outros simulando o que seria executar a mesma ação com nossos próprios corpos. Ao espelhar a ação da outra pessoa em nosso próprio cérebro, conhecemos o sentimento da ação, bem como a intenção associada. Ao espelhar as ações, também experimentamos os afetos e emoções associados. Como um sistema robótico tem um corpo constituído de forma distinta e com diferentes funcionamentos internos, ele não pode espelhar verdadeiramente as ações ou os sentimentos de uma pessoa humana. A consequência disso é a incapacidade de os robôs sentirem empatia e participarem profundamente dos relacionamentos inter-humanos. No entanto, nossa tendência humana de antropomorfizar significa que prontamente *inferimos* a humanidade (pessoalidade) em sistemas não humanos semelhantes aos seres humanos, como robôs, ao espelhar a fala e o comportamento do robô como se fossem produzidos por nossos sistemas humanos.

O CORPO INSERIDO

É importante ter em mente a ideia de que a vida corporificada sempre ocorre em contextos específicos e que esses contextos condicionam a ação. Sempre estamos inseridos em alguma situação da vida em curso. Assim, a teoria da cognição incorporada também envolve o que é conhecido como *cognição situada*.[31] Essa ideia afirma que a ação e, portanto, o pensamento não ocorrem fora de uma situação. A atividade mental é sempre sobre

---

[31] James G. Greeno, "The Situativity of Knowing, Learning, and Research", *American Psychologist* 53, n° 1 (1998): 5-26.

ações inseridas em contextos situacionais — imediatamente presentes ou imaginários. Os corpos estão sempre em algum lugar. As ações sempre acontecem em algum lugar, em algum momento. Assim, pensar é sempre a simulação de uma ação *contextualizada*.

Anteriormente, falamos sobre as simulações incorporadas que compõem nossas reflexões. Sentar-se quieto e considerar uma das situações da vida é fazer simulações mentais de como agir em situações específicas e experimentar memórias das consequências sensoriais de tais ações. Esse pensamento baseado em simulação não escapa à sua inserção em algumas situações — ele não pode ocorrer de uma forma que seja abstraída de situações específicas. Como já descrevemos, se você parar e refletir sobre o que está fazendo ao redigir um texto para um e-mail, por exemplo, perceberá que está se imaginando dizendo essas frases para a pessoa a quem o e-mail será enviado. O processo de escrita não ocorre em um mundo abstrato interior de ideias, mas é um processo de formulação de atos de fala/escrita dentro do contexto imaginado da pessoa a quem a mensagem deve ser enviada.

Assim, não somos simplesmente um corpo e um cérebro que atuam sozinhos em um vazio, mas, sim, agentes cérebro-corpo que interagem com muitos tipos de contextos específicos. Mesmo nos momentos em que ficamos contemplativos e pensando, sem parecer estar em lugar nenhum, ou fazer nada em particular, nosso pensamento é constituído por ações e experiências imaginadas, inseridas nos tipos de situações que experimentamos em algum momento anterior ou que podemos imaginar no futuro. Não é possível pensar sobre nós mesmos fora dos contextos particulares de nossa história pessoal única ou de situações futuras que essa história nos permita imaginar.

O *SELF* INCORPORADO E INSERIDO

Se a alma/mente é incorporada, também o é o que imaginamos ser o nosso "*self*". A cognição incorporada e situada sugere que nossa concepção do nosso *self* é construída sobre as ações de nosso corpo no mundo — o mundo físico e o mundo social. Ela envolve registros e esquemas de nossa história de ser um ator nos diferentes contextos em que estivemos inseridos. "Eu" sou esse corpo que tem essa história particular de ser um agente ativo nesses contextos e com esse imaginário particular para as possibilidades de minha ação futura.

Dentro do dualismo corpo-alma da concepção cartesiana de natureza humana, meu "*self*" é uma realidade não material dentro de mim, equivalente ou sobreposta à minha alma e/ou à minha mente interior.[32] No mundo do materialismo cartesiano, onde o pensamento é um processo semelhante ao de um computador, de manipulação de símbolos que são representações abstratas do mundo, o "*self*" é um conjunto de dados abstraídos para uma categoria semântica rotulada de "eu". No mundo da cognição incorporada, pensar e conhecer ocorrem por meio de simulações baseadas em memórias de situações nas quais se tem agido. Assim, conhecer a mim mesmo é saber o que eu fiz no passado e como essas ações foram sentidas, e qual impacto tiveram sobre o mundo físico ou social em que estive inserido. Conhecer a mim mesmo é também saber (simular) o que posso me imaginar fazendo no futuro e que impacto eu poderia ter em várias situações imaginadas. Conhecer a mim mesmo é conhecer um conhecedor que conhece a si mesmo (e outros) pela simulação de interações corporais rememoradas. É sob essa luz que o teólogo Phil Hefner e seus colegas se referem a uma pessoa como um "*self* corporal".[33]

Isso leva a um ponto adicional importante — o agente, que cada um de nós passa a conhecer como "eu", age de maneira um pouco diferente nos diferentes contextos em que está inserido. Somos pessoas notadamente diferentes no contexto X e no contexto Y porque as ações que nos constituem estão situadas — elas são realizadas com respeito às demandas particulares da situação específica. Nossos *selfs* são específicos para diferentes contextos. Imagine-se em um evento esportivo profissional. O contexto evoca sentimentos particulares (por exemplo, sentimentos amistosos em relação à sua equipe e sentimentos depreciativos em relação ao seu oponente), pensamentos e comportamentos (por exemplo, gritar, pular, comer e beber, celebrar)

---

[32] Aqui, a lista de termos depende do entendimento filosófico particular. Nossa opinião é que todas essas são maneiras diferentes de falar sobre as muitas capacidades e propriedades de um ser humano altamente complexo, mas indivisível.
[33] Philip Hefner; Ann Milliken Pederson; Susan Barreto, *Our Bodies Are Selves* [Nossos corpos são *selfs*] (Eugene, OR: Cascade Books, 2015).

que são especificamente apropriados para esse contexto. Há uma sensação de *self* corporal que é evocada pelo evento esportivo. Agora imagine-se em um culto religioso. Esse contexto evocará sentimentos, pensamentos e comportamentos totalmente diferentes. Se o seu senso de *self* não estivesse contextualmente situado, você poderia ficar seriamente envergonhado se gritasse o que está achando do sermão ou saísse falando "toca aqui!" para outras pessoas! A cognição incorporada sugere que essas mudanças em você não resultam de seu pensamento consciente abstrato sobre o tipo de comportamento permitido em cada situação, mas são as consequências incorporadas da própria situação (aprendidas com as experiências anteriores). A situação seleciona a versão de você que emergirá.

Claro, existem consistências e semelhanças muito significativas (assim se espera) no "eu", que é o agente inserido nos vários contextos, mas um *self* não pode ser extraído (ou abstraído) de sua inserção em contextos. Em certo sentido, então, "*self*" não é algo que *temos* ou *somos*, mas, sim, algo que é *evocado* por meio de nossas memórias do que fizemos, ou tendemos a fazer, no contexto das situações de nossas vidas. Nós não temos um *self*; nós "*selfamos*". E, por causa de nossa inserção em constante mudança em várias situações, diferentes tipos de *selfs* (experiências pessoais) podem ser evocados em diferentes contextos.

Um ponto central para a inserção que evoca diferentes experiências pessoais são os relacionamentos interpessoais. Os contextos mais importantes em que as pessoas humanas estão situadas são interpessoais e sociais. Nosso senso de personalidade é amplamente constituído pelo impacto de nossas interações com os outros. Portanto, o que sabemos de nós mesmos é conhecido por meio de nossa história de interações e do *feedback* de outras pessoas. Como disse o psicólogo russo Lev Vygotsky: "É por meio dos outros que nos tornamos nós mesmos".[34]

O filósofo Charles Taylor propôs a ideia de que os seres humanos são fundamentalmente *selfs* dialógicos — pessoas inseridas em uma "teia de

---

[34] Lev S. Vygotsky, "The Genesis of Higher Mental Functions, vol. 4", de *The History of the Development of Higher Mental Functions* [A história do desenvolvimento das funções mentais superiores], org. Robert W. Rieber (Nova York: Plennum, 1987), p. 97-120.

interlocução".³⁵ Para Taylor, a ideia de diálogo e interlocução pretende abranger uma ampla gama de interações humanas, incluindo (mas também se estendendo para além de) conversas baseadas na linguagem. Sem levar em consideração o outro com quem estamos em relação dialógica, é difícil conceber o que é ser um *self*. Assim, nossa existência como *selfs* é fundamentalmente relacional, ou seja, dialógica. A pessoalidade é inerentemente relacional. Um *self* é um corpo cujas ações estão inseridas e contextualizadas em uma comunidade. Não podemos nos imaginar fora, ou além, ou abstraídos de nosso lugar nas redes humanas relacionais.³⁶

EMOÇÕES E EXPERIÊNCIAS INTERNAS

Um elemento fundamental que faz parecer que somos uma alma, uma mente ou um *self* privado, oculto em nosso corpo, é nossa experiência de estados e emoções afetivas. Quando nos sentimos temerosos, tristes, deprimidos, felizes ou alegres, experimentamos essas emoções corporais como eventos dentro de nós, e como exclusivamente nossas, visto que acontecem dentro de nossa mente e de nosso corpo particulares. Embora outras pessoas possam parecer a causa de uma emoção, e a emoção possa ser evidente para os outros em nosso rosto ou em nossa postura corporal, entendemos isso como inteiramente nosso e sobre nós.

O modelo de espiritualidade que se concentra na qualidade das experiências subjetivas internas baseia-se fortemente nos sentimentos — como sentimentos internos de bem-aventurança, harmonia, gratidão, culpa ou abandono. Boa parte do que lemos nos Salmos expressa lindamente esses estados e experiências afetivas. Essas experiências são válidas e importantes. No entanto, há questões críticas a serem consideradas sobre os estados afetivos, como, por exemplo, se são estados descorporificados, se são mais precisamente entendidos como inteiramente nossos e se são marcadores de nosso *status* espiritual individual ou de bem-estar.

---

[35] Charles Taylor, *Sources of the Self: The Making of Modern Identity* (Cambridge, MA: Harvard University Press, 1989). [Ed. bras.: *As fontes do self: A construção da identidade moderna*. São Paulo: Edições Loyola, 2013.]
[36] O leitor e a leitora podem imaginar como isso se relaciona com as questões de pobreza, racismo e exposição à violência.

Um exame mais atento das emoções sugere que elas não são inteiramente sobre nós ou sobre eventos completamente internos. Em sua essência, as emoções não são eventos privados, apenas pessoais; são, na realidade, meios de coordenação *inter*pessoal. As emoções nos permitem sinalizar às outras pessoas nossas disposições comportamentais — e ler suas disposições.[37] Nesse sentido, o filósofo Paul Dumouchel descreve as emoções como *interdividuais*, e não como individuais.[38] Ou seja, nossas emoções sempre envolvem mais de uma pessoa. Assim, as emoções são um meio de comunicação relacionado às nossas intenções; e a expressão corporal das emoções do outro fornece informações importantes sobre suas intenções para conosco ou sobre a situação presente. Assim, uma importante contribuição para a coordenação das relações interpessoais contínuas ocorre por meio das emoções corporais. A comunicação emocional e a sintonia entre as pessoas são mediadas corporalmente por postura, expressão facial, tom de voz e até mesmo pelo diâmetro da pupila dos olhos.

As emoções também são estados complexamente modulados do nosso corpo que nos preparam para as ações (como lutar ou fugir). Por serem processos corporais, as experiências de nossas próprias emoções, bem como nossa detecção das emoções dos outros, são, na maioria dos casos, bastante sutis e abaixo do nível de nossa consciência. Só temos consciência de nossos estados emocionais mais evidentes, que ocorrem quando há alguma descontinuidade no fluxo de coordenação e sintonia interpessoal. Portanto, também é verdade que as emoções não são experiências intermitentes, mas estados corporais contínuos de ressonância ou discórdia com nosso ambiente físico ou social.

Imagine duas pessoas se aproximando para iniciar uma conversa. Cada uma está envolvida em uma leitura imediata da outra pessoa: expressão facial, postura corporal, ritmo do andar, direção do olhar etc. A partir dessas informações, cada uma sabe algo sobre as intenções da outra a respeito da interação. Se, conforme os indivíduos se aproximam, uma pessoa está

---

[37] Essa visão da emoção é bem expressa em Paul Dumouchel, "Emotions and Mimesis", in *Mimesis and Science: Empirical Research on Imitation and the Mimetic Theory of Culture and Religion* [Mímesis e ciência: pesquisa empírica sobre imitação e a teoria mimética da cultura e religião], org. Scott R. Garrels (East Lansing, MI: Michigan State University Press, 2011), p. 75-86
[38] Dumouchel, "Emotions and Mimesis", p. 79.

calma e a outra está angustiada com alguma coisa, cada uma detecta essas emoções na outra e se ajusta implicitamente com base no estado/nas intenções percebidas da outra. Esse é um processo rápido, inconsciente e recíproco. Devido à tendência de os indivíduos imitarem os comportamentos uns dos outros, também há uma forte tendência ao contágio emocional. As emoções e o comportamento de uma pessoa começam a afetar a outra, de modo que, eventualmente, ambas se tornam emocionalmente mais sincronizadas, experimentando a mesma emoção.[39]

Como as emoções são meios de sintonia com outras pessoas, às vezes podemos experimentar o contágio emocional em grupos inteiros. Ajustes emocionais interindividuais podem espalhar-se por uma rede interativa maior de pessoas, de modo que todas começam a experimentar a mesma emoção, na medida em que cada uma sintoniza com a emoção dominante do grupo. Isso pode, é claro, ser perigoso (como, por exemplo, no comportamento de uma turba), mas também pode ser edificante (como na experiência de cantar juntos) ou empolgante (como podemos experimentar em um jogo de basquete).

Se as emoções são estados corporais de sintonia interdividual, e se são uma fonte importante de nossa experiência de ter um *self* interior, qual é a natureza das experiências afetivas quando estamos sozinhos, e não na companhia de outros indivíduos — por exemplo, nas experiências associadas a práticas devocionais aparentemente privadas? Descrevemos em outra obra, e vamos descrever novamente à medida que formos progredindo neste livro, a natureza do pensamento como constituída pela execução de simulações incorporadas de experiências anteriores de vida, bem como simulações de possíveis ações e interações futuras. Boa parte do pensamento é constituída por simulações de fala — para nós mesmos, para outras pessoas em particular ou para Deus. Essas ações e interações simuladas incluem sintonias emocionais com outras pessoas imaginárias, cujas consequências se comunicam à nossa consciência (se escolhermos prestar atenção nelas) por meio de nossas respostas corporais ligadas à simulação em andamento. Assim, os sentimentos internos (estados afetivos) associados a tempos

---

[39] O contágio emocional e sua relação com os neurônios-espelho são discutidos por Christian Keysers, *The Empathic Brain* [O cérebro empático], p. 92, 94.

devocionais religiosos não são descorporificados (evidência de um espírito ou alma interior), nem são inteiramente individuais; em vez disso, são os sentimentos incorporados ligados às simulações *interdividuais* que compreendem nossos pensamentos e nossas orações. O que eles sinalizam para nós é o tom corporalmente afetivo do conteúdo de nossas simulações de ação atuais, que constituem nossas orações.

Capítulo 4

Mentes além dos corpos

No capítulo 3, examinamos os argumentos favoráveis à visão de que as pessoas e suas mentes são corporificadas. Propusemos uma visão das pessoas como organismos físicos altamente complexos (hipercomplexos), com capacidades genuínas de racionalidade e relacionalidade. Também lidamos com o *conteúdo* corporificado dos processos mentais, ou seja, a ideia de que pensamos por meio de simulações de interações corporais com o mundo. Consideramos a ideia de que as pessoas estão sempre situadas em algum contexto com o qual estão interagindo. O pensar não pode ser abstraído do interagir. Nosso foco particular era a forma como nossos corpos estão profundamente envolvidos em nosso pensamento, nossas emoções e nosso senso de identidade. Também consideramos quanto nossos corpos são a base de nossos sentimentos internos e de nossa capacidade de apreciar os sentimentos dos outros. Finalmente, descrevemos como as emoções (os sentimentos do estado atual de nossos corpos) são profundamente sociais — "interdividuais", e não individuais.

O conceito de uma pessoa corporificada e situada, como o descrevemos, pode sugerir que as pessoas são corpos físicos discretos que são afetados por — mas não fazem parte de — situações e contextos extrapessoais físicos e relacionais circunstantes. Assim, embora sejam significativamente impactadas pelas influências externas dos contextos nos quais estão situadas, as pessoas têm a pele como limite. Segue-se, então, que a mente é uma propriedade de todo o corpo, porém nada além do corpo.

Mas essa não parece ser a história toda. Na filosofia da mente, especula-se que uma pessoa, enquanto *locus* de processamento mental e agente no mundo, pode não estar totalmente contida pela pele. A teoria da cognição estendida sugere que o que se qualifica como "mente" pode envolver (em momentos diferentes e de maneiras dinamicamente mutáveis) um acoplamento interativo com coisas fora do corpo (utensílios como telefones celulares) e/ou com outras pessoas. Ou seja, nossas mentes, em qualquer momento específico, podem estender-se além de nossos limites fisiológicos. Esses acoplamentos tênues temporários, exteriores ao corpo, permitem que coisas ou pessoas externas se tornem partes reais e integrantes dos processos imediatos de raciocínio ou solução de problemas, como uma parte genuína da mente em operação, ampliando nossas capacidades humanas.[1]

Os filósofos Andy Clark e David Chalmers expressam os aspectos críticos de exemplos desse tipo de extensão da mente da seguinte maneira:

> A característica central desses casos é que o organismo humano está ligado a uma entidade externa em uma interação de mão dupla, criando um *sistema acoplado*, que pode ser visto como um sistema cognitivo em seus próprios termos. Todos os componentes desse sistema desempenham um papel causal ativo e, juntos, governam o comportamento da mesma forma que a cognição costuma fazer. Remova o componente externo e a competência comportamental do sistema diminuirá, assim como aconteceria se removêssemos parte de seu cérebro.[2]

Clark argumenta, em seu livro *Natural Born Cyborgs* [Ciborgues por natureza], que esse processo de se tornar cognitivamente acoplado a um dispositivo externo ou a uma pessoa é natural e ubíquo para a humanidade. Clark defende que tal incorporação de dispositivos externos em nossos sistemas de processamento mental é relativamente exclusiva dos seres humanos e contribui de forma importante para nossas capacidades cognitivas notavelmente poderosas.[3] Como Edwin Hutchins afirma, "sistemas

---

[1] Andy Clark, *Supersizing the Mind: Embodiment, Action, and Cognitive Extension* [Expandindo a mente: corporização, ação e extensão cognitiva] (Oxford, UK: Oxford University Press, 2011). Marshall McLuhan, em seu livro *Understanding Media: The Extension of Man* [Compreendendo a mídia: a extensão do homem] (Cambridge, MA: MIT Press, 1994), defende o papel da mídia na extensão da vida humana de forma um tanto semelhante ao argumento de Clark. No entanto, McLuhan concentra-se principalmente no papel da mídia na sociedade como um todo, e não tem nenhum conceito de extensão na forma de acoplamento de artefatos externos (como a mídia) aos sistemas cognitivos de indivíduos.
[2] Andy Clark; David Chalmers, "The Extended Mind", 1998, *Analysis* 58, nº 1:7-19.
[3] Andy Clark, *Natural Born Cyborgs: Minds, Technologies, and the Future of Human Intelligence* [Ciborgues por natureza: mentes, tecnologias e o futuro da inteligência humana] (Oxford, Reino Unido: Oxford University Press, 2003).

funcionais locais, compostos por uma pessoa em interação com um instrumento, têm propriedades cognitivas que são radicalmente diferentes das propriedades cognitivas da pessoa sozinha".[4] Sob essa ótica, ele argumenta que "atribuir às mentes individuais isoladamente as propriedades de sistemas... é um erro sério, mas frequentemente cometido".[5]

Como essa ideia de mente estendida é central para a tese deste livro, os próximos dois capítulos descreverão os conceitos que cercam a cognição estendida, na esperança de que essas ideias se tornem um referencial bem compreendido, que possamos levar adiante nas discussões sobre a relevância da cognição estendida para nossa compreensão da vida cristã e da natureza da igreja. Este capítulo delineia os conceitos básicos da cognição estendida, com foco em como o envolvimento de *instrumentos e artefatos* extracorpóreos amplia nossas capacidades mentais. No capítulo seguinte, vamos nos concentrar na extensão da mente às *interações interpessoais*, em que o engajamento recíproco com outras pessoas constitui uma mente estendida.

A AGENDA DE OTTO

Começamos nossa exploração da teoria da cognição estendida com uma ilustração. Há um exemplo hipotético simples de extensão da mente, proposto por Clark e Chalmers,[6] que é frequentemente usado nas discussões da teoria da cognição estendida. Nessa ilustração, encontramos Otto, um senhor cuja memória está falhando de forma significativa, devido à doença de Alzheimer. Para compensar sua falha de memória biológica, Otto usa uma agenda para anotar coisas de que ele precisa se lembrar — endereços e trajetos, listas de compras, compromissos, tarefas domésticas, nomes de pessoas etc. — e usa isso para ampliar sua memória significativamente enfraquecida. Inga é outra pessoa no cenário de Clark e Chalmers que não tem doença de Alzheimer e, portanto, não precisa (na maioria dos casos) de uma agenda para auxiliar sua memória. Assim, quando precisa ir até o

---

[4] Edwin Hutchins, *Cognition in the Wild* [Cognição na natureza] (Cambridge, MA: MIT Press, 1995), xvi.
[5] Ibidem, p. 173.
[6] Clark; Chalmers, op. Cit.

mercado, por exemplo, Otto consulta sua agenda para ver as instruções, enquanto Inga "consulta" seus sistemas cerebrais, especificamente seu hipocampo e seu córtex cerebral, as mesmas estruturas que estão se degenerando progressivamente em Otto. Sua memória do trajeto para o mercado não é algo de que Inga esteja sempre consciente, mas ela "sabe" como encontrá-la quando necessário. Otto também sabe encontrar o trajeto, mas, nesse caso, a fonte de memória é externa ao seu corpo.

Clark e Chalmers defendem que a agenda de Otto (uma ferramenta externa aos limites biológicos de seu corpo) opera como parte de seu sistema cognitivo de tal forma que suas contribuições para a memória não podem ser lógica e funcionalmente distinguidas do sistema de memória de Inga, inteiramente baseado no cérebro. Além disso, Otto considera os itens da agenda registros reais de coisas lembradas, da mesma forma que considerava no passado (antes da doença de Alzheimer) coisas que emergiam de seus sistemas de memória baseados no cérebro, e da mesma forma que Inga considera memórias reais aquelas que emergem de seus sistemas cerebrais. A memória fraca de Otto foi *estendida* pela *incorporação* de algo externo ao seu corpo em seu sistema cognitivo na forma como opera atualmente. Para Otto, o sistema mental em funcionamento inclui a agenda, pelo menos nos momentos em que ele a consulta em busca das informações necessárias.

É claro que às vezes Inga, como todos nós, precisa ampliar sua memória de informações mais complexas ou menos lembradas por meio de anotações feitas no passado. Imagine que ela precise caminhar pela cidade até a biblioteca. Não é fácil lembrar o percurso, e ela fez esse caminho apenas uma vez. Talvez Inga precise consultar as anotações que fez quando ligou para a biblioteca para obter instruções na primeira vez que saiu para caminhar até lá (ou ela pode consultar as instruções em seu *smartphone*). Nesses casos (notas do passado ou um *smartphone*), a memória biológica de Inga, normalmente operacional, precisa ser ampliada por um acoplamento cognitivo momentâneo com um artefato (agenda ou celular) no espaço fora de seu corpo.

O que há na agenda de Otto (e outros artefatos externos) que o torna parte genuína de seus sistemas de memória? Clark e Chalmers sugerem o seguinte:

Primeiro, a agenda é uma constante na vida de Otto. (...) Em segundo lugar, as informações da agenda estão diretamente disponíveis, sem dificuldade. Terceiro, ao recuperar as informações da agenda, ele as endossa automaticamente. Quarto, as informações da agenda foram endossadas conscientemente em algum ponto no passado e, de fato, elas estão ali como consequência desse endosso.[7]

Geralmente, essas são as mesmas qualidades dos sistemas de informações que caracterizam a memória biológica — como a de Inga. Além disso, esses aspectos da relação de Otto com sua agenda sugerem a natureza automática e habitual dessa extensão cognitiva de sua memória.

Assim, a teoria da cognição estendida concentra nossa atenção no fato de que nós, seres humanos, temos a capacidade de incorporar em nossos sistemas mentais aspectos úteis do meio ambiente que ampliam nossa capacidade de pensar e resolver problemas. Com isso em mente, a teoria faz a afirmação ousada de que, embora incorporadas ao processo imediato de resolução de problemas, as ferramentas externas (como a agenda de Otto) tornam-se uma parte legítima da mente, embora apenas momentaneamente.

MOMENTOS DE CONEXÃO *SOFT* E A MENTE ESTENDIDA

Não se trata do fato de que todos os aspectos acessíveis do ambiente estejam, a qualquer momento, incluídos em nossos processos mentais presentes. Ocorre que, em algum momento específico e dependendo do problema a ser resolvido, diferentes aspectos do ambiente físico ou social podem tornar-se momentaneamente enredados nos processos em curso, que devemos legitimamente chamar de "mente". O sistema cognitivo em operação envolveria *loops* de *feedback* interativo entre o cérebro, o corpo e o artefato externo em uso (por exemplo, uma agenda), de modo a constituir *como um todo* um sistema cognitivo estendido. Assim, a atividade que rotularíamos como "inteligente" e "cognitiva" não ocorre exclusivamente no cérebro ou no corpo de uma pessoa, mas também pode incluir um acoplamento interativo temporário entre esses sistemas biológicos e algum aspecto do mundo externo. Ou seja, existem episódios frequentes de atividade cognitiva em que

---

[7] Clark; Chalmers, "The Extended Mind" [A mente estendida].

não se pode distinguir prontamente entre cérebro/corpo e os instrumentos que são incorporados dentro dos limites da mente que está operando. O que pode ser legitimamente chamado de "mente" pode abranger instrumentos e artefatos externos de várias maneiras e em diferentes momentos. Essa incorporação temporária de artefatos ou instrumentos externos tem sido referida como "acoplamento *soft*" ou "conexão *soft*", para indicar a natureza dinamicamente mutável das extensões cognitivas envolvidas.[8]

A conexão *soft* de artefatos e ferramentas aos nossos sistemas cognitivos cria o que Clark designa como "circuitos cognitivos híbridos", ou seja, circuitos de resolução de problemas que são constituídos pelo estreito acoplamento interativo de processamentos baseados no corpo e em instrumentos. Clark escreve: "Cérebros humanos [flexíveis]... aprendem a fatorar a operação e o papel de portadores de informação que tais acessórios e artefatos externos realizam profundamente em suas próprias rotinas de resolução de problemas, criando circuitos cognitivos híbridos, que são os próprios mecanismos físicos subjacentes a atividades específicas para a resolução de problemas".[9] O cérebro humano constitui um sistema cognitivo "permeável", que pode ativamente "cooptar recursos externos como mídia, objetos e outras pessoas".[10] E, como Hutchins assinala, "ferramentas são úteis precisamente porque os processos cognitivos necessários para manipulá-las não são os processos computacionais realizados por sua manipulação".[11] É cognitivamente muito mais fácil manipular a ferramenta (por exemplo, uma calculadora) do que realizar o processo (por exemplo, fazer um cálculo de cabeça).

KANNY MINDWARE

No exemplo anterior, a agenda de Otto funcionou como "mindware" — uma ferramenta externa que ele incorporou para ampliar as capacidades de

---

[8] Clark, *Supersizing the Mind* [Expandindo a mente], p. 116-22. [No presente contexto, o adjetivo *soft* pretende caracterizar algo não apenas fisicamente não rígido, mas também sutil, transiente e suscetível a adaptações. Tendo em vista essa abrangência semântica (e o presente esclarecimento), manteremos o termo em inglês. (N. T.)]
[9] Ibidem, p. 68.
[10] John Sutton; Celia B. Harris; Paul G. Keil; Amanda J. Barnier, "The Psychology of Memory, Extended Cognition, and Socially Distributed Remembering" [A psicologia da memória, cognição estendida e lembrança socialmente distribuída], *Phenomenology and Cognitive Science* 9 (2010): 521, https://doi.org/10.1007/s11097-010-9182-y.
[11] Hutchins, *Cognition in the Wild* [Cognição na natureza], p. 170.

sua mente. Outro exemplo de *mindware*, semelhante à agenda de Otto, é o uso que todos nós fazemos de papel e lápis para resolver problemas de aritmética mais complicados, como somar ou multiplicar números de vários dígitos ou fazer divisões longas. Sem usar papel e lápis ou a calculadora em um *smartphone*, tente adicionar 34 e 57. Você provavelmente pode fazer isso. Agora tente multiplicar 4.871 por 347 de cabeça. Você provavelmente achará isso impossível sem estender seu processo mental para incorporar, pelo menos, papel e lápis. Obviamente, essa extensão e esse acoplamento com algo fora de nós permitem que nossas mentes, insuficientes quando só dependentes de cérebro e corpo, sejam expandidas.

Uma vez que não temos capacidade mental interna suficientemente robusta (chamada de "memória de trabalho") para manter os resultados de todas as etapas intermediárias em nossas mentes e para mantê-los alinhados espacialmente de forma correta, estendemos e aumentamos nossas capacidades mentais usando lápis e papel para executar nossas operações matemáticas. A solução para o problema matemático é alcançada por uma progressão de interações entre nosso conhecimento interno dos processos matemáticos e das relações numéricas básicas, por um lado, e o que colocamos no papel enquanto executamos essa operação. Nossos processos internos são adequados a cada etapa, mas a solução para um problema matemático de várias etapas requer *loops* de *feedback* de ação, que normalmente precisam incluir anotações no papel. No período que leva para resolver o problema, nossa mente se estende ao incorporar esses implementos e interações externos aos processos internos, de modo que nossa capacidade de executar operações matemáticas mais complexas seja ampliada. A extensão de incluir papel e lápis pode não ser necessária para um gênio matemático, mas, para a maioria da população, problemas matemáticos complexos não podem ser resolvidos (ou não podem ser resolvidos com eficiência) completamente dentro do cérebro.

Andy Clark, em sua introdução a *Supersizing the Mind* [Expandindo a mente], conta sobre um historiador que encontrou vários cadernos de cálculos e diagramas do físico ganhador do Prêmio Nobel, Richard Feynman, e descreveu essas anotações como "um registro do trabalho diário de Feynman". Feynman respondeu que esses não eram um *registro* do trabalho; eles *eram* o trabalho em si. "Você tem de trabalhar no papel, e esse é o papel. Ok?"[12] Feynman claramente via suas anotações e diagramas como parte integrante dos processos cognitivos que constituíam seu trabalho intelectual em desenvolvimento.

As calculadoras eletrônicas e os aplicativos em nossos *smartphones* nos dispensaram da necessidade de cumprir todas as etapas intermediárias no papel. Essas etapas foram programadas nos aplicativos e estão ocultas. A consequência é que, agora, nosso processamento cognitivo foi ampliado ainda mais significativamente pela eletrônica, substituindo a necessidade de papel e lápis. Agora, nós nos engajamos em acoplamento *soft* com nossos *smartphones* por tempo suficiente para obter a resposta aos nossos problemas matemáticos com mais rapidez e eficiência. Clark relata que os jovens na Finlândia apelidaram os celulares de "kanny", que significa uma extensão da cabeça.[13]

Obviamente, essa lógica pode ser aplicada à multiplicidade de maneiras como usamos computadores e *smartphones* para ampliar muitos aspectos de nossas mentes. Esse pensamento levou Clark a sugerir que ter um *laptop* travado é como ter um leve derrame.[14] Nossos computadores são uma parte tão importante de nosso processamento mental que uma pane no computador significa que uma grande parte de nosso *mindware* tornou-se disfuncional. Como os efeitos do derrame, agora existem processos mentais estendidos que não podem ser realizados ou que só podem ser realizados por meio de laboriosas soluções alternativas.

Nesse contexto, é interessante considerar em que medida os processos de composição que ocorrem ao se redigir um ensaio no computador resultam de um sistema de *feedback* estendido e firmemente acoplado, que inclui o teclado e a tela (ou a caneta e o papel ao escrever à mão). Ideias um tanto vagas são traduzidas em palavras em tempo real enquanto digitamos. Não costumamos compor previamente as frases que digitamos; vamos compondo-as à medida que vamos usando o *loop* de *feedback,* formado pelas palavras na tela, como o contexto e o gatilho para o que vem a seguir. Além de criar a forma concreta do ensaio, a interação com o texto (na tela ou no papel) amplia e potencializa o processo mental de composição.

---

[12] De James Gleick, *Genius: The Life and Science of Richard Feynman* (Nova York: Pantheon, 1992). Como citado por Clark, *Supersizing the Mind* [Expandindo a mente], xxv.
[13] Clark, *Natural Born Cyborgs* [Ciborgues por natureza], p. 9.
[14] Ibidem, p. 10.

Um exemplo adicional de *mindware* é digno de nota. Se você está usando um relógio de pulso e alguém se aproxima e pergunta: "Você sabe que horas são?", você responde corretamente: "Sim". Em seguida, você consulta o relógio e diz à pessoa que perguntou o que você vê no relógio. Se você for uma pessoa que se interessa por filmes e alguém lhe perguntar: "Você sabe quem ganhou o Oscar de melhor ator coadjuvante no ano passado?", pode muito bem responder "sim", já que sabe que tem esse conhecimento. No entanto, pode demorar um pouco para você pesquisar seus sistemas cerebrais e acessar a informação: "Espere, eu sei, mas me dê um minuto para lembrar". Acaso existe uma diferença fundamental entre esses dois cenários além do nosso preconceito de que a "mente" deve estar inteiramente dentro da cabeça? No momento em que alguém deseja tornar-se explicitamente ciente da hora ou do melhor ator coadjuvante, existe alguma diferença fundamental nos processos mentais envolvidos entre consultar o relógio e os sistemas de memória interna que não consista em consultar diferentes versões de *mindware*? Em ambos os casos, respondemos corretamente que sabemos a informação, porque sabemos que a informação está disponível "na hora", "conforme necessário". *Na hora* e *conforme necessário* caracterizam nossa relação com as informações que carregamos em nossas memórias baseadas no cérebro e com o tempo em nosso relógio — bem como as anotações na agenda de Otto ou os números de telefone na lista de contatos de seu celular. Consultar uma fonte externa como uma agenda e consultar nossos sistemas cerebrais para obter informações são, de acordo com a lógica de um sistema de *informação*, o mesmo tipo de processo. Esses dispositivos externos servem para estender as capacidades de nossas mentes para além da capacidade orgânica de nossos sistemas cerebrais em funcionamento autônomo.

EQUIPANDO PARA A AÇÃO ESTENDIDA

O domínio das ferramentas mecânicas nos ajuda a pensar mais sobre a natureza do *acoplamento* e *conexão soft* envolvidos na cognição estendida, e como pode diferir do mero uso de instrumentos. Pregar pregos com um martelo não parece ser considerado algo relevante para o funcionamento cognitivo ou mental. No entanto, se tivermos em mente os tipos mais amplos de tarefas que pregos podem nos permitir realizar (como, por exemplo, construir uma casa), então um martelo é tão razoável de se considerar quanto um lápis. Para nossos propósitos, o que importa saber sobre martelar é que isso ilustra aspectos importantes da conexão e do acoplamento *soft* que estendem a mente. Para uma pessoa que raramente usa um martelo, começar a martelar implica manipular um objeto externo, ainda não bem incorporado. Há uma conexão *soft* muito fraca (se houver) do martelo ao sistema motor do cérebro/corpo. O martelo faz parte do mundo externo, e o martelar é meramente um uso, e não de um acoplamento robusto. No entanto, com o uso frequente (por exemplo, nas mãos de um carpinteiro), o martelo torna-se *soft* — conectado ao corpo, de modo que o sistema motor do cérebro leva o martelo em consideração como se fosse uma parte do corpo. Ou seja, no que diz respeito ao cérebro, o martelo torna-se uma extensão funcional do braço e da mão. A pesquisa mostrou que mapas cerebrais do corpo podem incluir um instrumento como um martelo, como se fosse uma parte estendida da mão, e a extensão mais distante do corpo mapeada pelo cérebro é a extremidade funcional do martelo.[15] Na verdade, o martelo se incorpora tão bem que desaparece da consciência do carpinteiro — o próprio martelo torna-se transparente em seu uso. Ele só precisa cuidar do prego.

Essa mesma situação se estabelece com todos os tipos de uso de ferramentas especializadas, incluindo usuários experientes de equipamentos esportivos (por exemplo, tacos e luvas de beisebol, tacos de golfe, raquetes de tênis etc.). Isso também se aplica a uma caneta ou um lápis nas mãos de alguém que sabe escrever, ou a uma bicicleta por alguém que sabe andar. Ou considere um instrumento musical sendo tocado por um virtuose em comparação com um iniciante.

Ainda mais dramática é a incorporação de um membro protético no mapeamento corporal do cérebro. Com o uso suficiente, um membro protético é mapeado pelo cérebro como se fosse uma parte do corpo fisiológico.[16] Um exemplo notável da incorporação de um membro artificial em sistemas neurais é o terceiro braço robótico de um artista performático chamado Stelarc. Stelarc desenvolveu um terceiro braço e uma mão robóticos que eram controlados pela atividade elétrica gerada por certos

---

[15] Clark, *Supersizing the Mind* [Expandindo a mente], p. 10.
[16] Clark, *Natural Born Cyborgs* [Ciborgues por natureza], p. 115-19.

músculos em suas pernas e em seu tronco. Depois de muitos anos atuando com a terceira mão, ele conseguia controlá-la sem precisar concentrar-se conscientemente nos músculos da perna e do tronco, ou mesmo em sua própria mão. A mão fazia o que ele pretendia intuitiva e imediatamente, de forma muito parecida com suas duas mãos naturais. A presença e o controle da terceira mão estavam tão bem incorporados aos sistemas de controle motor de seu cérebro que se tornaram, quando ele a estava usando, uma parte estendida dele. "O *locus* de controle voluntário, que, para todos os efeitos, é a pessoa — Stelarc — foi expandido de forma a incluir algumas partes e alguns circuitos não biológicos".[17]

Desde a década de 1980, tem havido desenvolvimento e aprimoramento contínuos de dispositivos robóticos controlados por humanos. Por exemplo, foram desenvolvidos sistemas para manipular materiais perigosos, a uma distância segura, envolvendo uma pessoa manipulando mãos robóticas. Um ser humano em um dado local tem as mãos dentro de luvas que sentem os movimentos de suas mãos. Esses movimentos são usados para controlar braços e mãos robóticos em outro local. Tanto *feedback* visual como *feedback* tátil estão disponíveis para a pessoa que faz o controle. O importante aqui é que quem faz o controle tenha a forte impressão de estar presente no local distante onde o trabalho robótico está sendo realizado e de fazer o trabalho com o próprio corpo. Esse fenômeno de experiência é chamado de "telepresença", e ilustra a capacidade dos seres humanos de se tornarem tão fortemente acoplados a um sistema de ação externo (nesse caso, o sistema robótico distante) que o sistema externo torna-se cognitivamente mapeado, de modo que o trabalho é sentido pelo operador como realizado por seu próprio corpo — como um efeito direto de seu *self* físico.[18]

Esse acoplamento de operadores especialistas com instrumentos e artefatos envolve a reorganização do sistema cérebro-corpo e o aprendizado de tal forma que a rede de acoplamento *soft* já está pré-programada quando o instrumento é ativado posteriormente. Uma vez que o artefato (um lápis, um martelo, um instrumento musical ou um sistema robótico distante) é acionado, a rede apropriada está pronta para funcionar. Assim, esses

---

[17] Ibidem, p. 115-18.
[18] Ibidem, p. 92.

programas neurais são concebidos como tendo "pontos de plugar" onde o instrumento externo pode conectar-se à rede cognitiva, incorporando, assim, um sistema cognitivo estendido — "plugue e funcione" [*plug and play*].[19] A terceira mão de Stelarc e os sistemas robóticos para o manuseio remoto de materiais perigosos tornam-se sistemas cognitivos híbridos programados pela experiência nos sistemas cérebro-corpo de seus usuários especialistas, com pontos de plugagem prontos para facilitar a incorporação cognitiva.

A questão a ser considerada é que, em nossas interações com o mundo de artefatos úteis, o que consideramos "mente" muitas vezes não deve estar confinada ao cérebro ou à pele, mas deve incluir artefatos que incorporamos momentaneamente aos nossos sistemas cognitivos. Clark expressa isso da seguinte maneira: "Mentes e corpos humanos são essencialmente abertos a episódios de reestruturação profunda e transformadora em que novos equipamentos (...) podem tornar-se literalmente incorporados aos sistemas de pensamento e ação, que identificamos como nossos corpos e mentes".[20]

EXTENSÃO COMO DISTINTAMENTE HUMANA

Nossa capacidade de mapear e incorporar martelos, agendas, papel e lápis, *smartphones*, membros protéticos, sistemas robóticos, computadores e muito mais coisas em circuitos cognitivos híbridos para a resolução de problemas e ação ilustra a flexibilidade dinâmica e a plasticidade do cérebro humano. Essa capacidade de incluir objetos extracorpóreos no sistema cognitivo para realizar uma tarefa à mão é considerada por Clark uma capacidade distinta (se não única) dos seres humanos. Clark escreve: "Pois o que é especial sobre os cérebros humanos, e o que melhor explica as características distintivas da inteligência humana, é precisamente sua capacidade de entrar em relacionamentos profundos e complexos, com mecanismos, acessórios e recursos não biológicos".[21]

Temos uma inteligência particularmente poderosa, não apenas devido ao tamanho e à complexidade de nossos cérebros, mas também à abertura

---

[19] Clark, *Supersizing the Mind* [Expandindo a mente], p. 156.
[20] Clark, *Supersizing the Mind* [Expandindo a mente], p. 31.
[21] Clark, *Natural Born Cyborgs* [Ciborgues por natureza], p. 5.

de nossos sistemas cognitivos a esses tipos de conexões *soft* com coisas e pessoas fora de nosso *self* biológico. Não precisamos armazenar tudo em nossas memórias biológicas ou realizar todos os processos mentais em nossos próprios cérebros isolados; em vez disso, somos notavelmente hábeis em saber onde as informações podem ser encontradas (em vez de precisar armazená-las em nossos cérebros) e em como manipular artefatos externos para resolver problemas (em vez de executar todos os processos internamente). Como Clark coloca: "É nossa característica especial, como seres humanos, sermos para sempre impulsionados a criar, cooptar, anexar e explorar suportes e estruturas não biológicos".[22] Com relação à nossa capacidade de incorporar tecnologia cada vez mais complexa e poderosa aos nossos sistemas cognitivos, Clark considera os seres humanos "ciborgues por natureza".[23] Os humanos são tão adeptos da inclusão de ferramentas cognitivas que, de acordo com Clark: "Tools-R-Us, e sempre foram".

COISAS QUE EXPANDEM

Muito do que descrevemos neste capítulo tem origem no livro de Clark intitulado *Supersizing the Mind: Embodiment, Action, and Cognitive Extension* [Expandindo a mente: personificação, ação e extensão cognitiva]. A esta altura, deve ser óbvio que o ponto da ideia de expansão [*supersizing*] é que o poder cognitivo e a inteligência são significativamente ampliados quando, dada a oportunidade, incorporamos temporariamente instrumentos ou pessoas fora de nosso cérebro e corpo. Comparado com o que é possível através da extensão, a mente não estendida é menos potente, diminuída e relativamente frágil. Sem uma agenda de endereços ou uma lista de contatos em nosso *smartphone*, por exemplo, não somos capazes de lembrar muitos números de telefone ou endereços de *e-mail*.

O exemplo paradigmático de expansão é o computador digital. Talvez você tenha visto o filme *O Jogo da Imitação*. É a história da invenção por Alan Turing de um computador eletrônico capaz de determinar, de novo a

---

[22] Ibidem, p. 6.
[23] Clark, *Natural Born Cyborgs* [Ciborgues por natureza], p. 7.
[Tools-R-Us, nome de uma rede de lojas de ferramentas, pronuncia-se "tools are us", literalmente, "ferramentas somos nós". (N. T.)]

cada dia, o cenário atual da máquina alemã Enigma, a fim de decodificar as comunicações alemãs durante a Segunda Guerra Mundial. Antes da invenção desse computador por Turing, um grupo de inteligentes matemáticos tinha uma máquina Enigma, mas não conseguia descobrir como determinar as configurações diárias para decodificar as mensagens em alemão. Eles estavam tentando, sem sucesso, resolver o problema por meio de *brainstorming*, fazendo muitas suposições e muitos cálculos no papel. No entanto, eles não conseguiram resolver o problema. Com base na lógica sugerida por outros, a mente brilhante de Turing surgiu com o *design* e a estrutura de uma máquina de computação eletrônica. Uma vez construído e em funcionamento, seu computador superou notavelmente a capacidade do grupo em relação à decodificação de mensagens. Desde esse evento seminal, o cenário tem-se repetido indefinidamente sempre que matemáticos, economistas, meteorologistas, cientistas e pessoas em quase todos os campos de atuação têm superado, por meio de conexão *soft* com um computador digital, o que suas mentes isoladas não poderiam alcançar de outra forma. Muito do que conhecemos não seria cognoscível sem essa forma digital de extensão cognitiva. O computador digital é simplesmente a ilustração mais óbvia da propriedade mais geral dos instrumentos — que os próprios instrumentos são repositórios de conhecimento sobre como realizar determinado tipo de tarefa.

Assim, o pensamento humano é *expandido* pela capacidade de incorporar aos processos cognitivos várias ferramentas extracorpóreas. "O pensamento e a razão humanos emergem de um âmbito no qual cérebros e corpos biológicos, agindo em conjunto com acessórios e instrumentos não biológicos, constroem, beneficiam-se e reconstroem uma sucessão infinita de ambientes projetados. Em cada uma dessas configurações, nossos cérebros e corpos se acoplam a novos instrumentos, gerando novos sistemas pensantes estendidos".[24]

No entanto, não são apenas "acessórios e instrumentos não biológicos" que expandem nossa inteligência. A forma mais poderosa de acoplamento *soft*, que enriquece nossas capacidades mentais, são nossas interações com outras pessoas. É essa ideia que agora retomaremos no capítulo 5.

---

[24] Clark, *Natural Born Cyborgs* [Ciborgues por natureza], p. 197.

Capítulo 5

Mente além do indivíduo

No capítulo anterior, demos início à nossa consideração sobre a ideia de uma mente estendida e, consequentemente, "expandida". Consideramos a ideia de que o que se designa, apropriadamente, como "mente" ou "inteligência" ou "cognição" inclui, em vários momentos e de muitas maneiras distintas, nosso envolvimento interativo com artefatos físicos e ferramentas que estão fora de nosso cérebro e corpo — fora da "nossa pele".[1] A qualquer momento, os processos "mentais" podem incluir agenda, papel e lápis, um *smartphone*, um computador, instruções de como fazer, uma lista de tarefas (referida por Warren como sua "lista de vergonha e ansiedade" e por Brad como "aquela coisa que preciso de um alarme para me lembrar de olhar") ou uma série de outras coisas que momentaneamente estendem nossas capacidades de processamento mental. Nós também consideramos quão flexível e plástico é o cérebro em sua capacidade de conexão *soft* com artefatos, como ferramentas ou próteses que estendem nossos corpos para realizar tarefas específicas. O elemento crítico na incorporação de um artefato externo ou de uma ferramenta em nossos sistemas cognitivos é que estamos interagindo recíproca e perfeitamente (via ação e *feedback*) com o que quer que esteja imediatamente em uso. No entanto, quão perfeitamente uma ferramenta ou um artefato é incorporado é uma questão de grau, pois as ferramentas, por exemplo, que são usadas com frequência e habilidade são mais estreitamente acopladas do que aquelas com as quais se tem pouca experiência. Ferramentas (por

---

[1] Andy Clark, *Supersizing the Mind: Embodiment, Action, and Cognitive Extension* [Expandindo a mente: corporização, ação e extensão cognitiva] (Oxford, UK: Oxford University Press, 2011), p. 76.

exemplo, bastões, tacos, raquetes) usadas em esportes por especialistas são transparentes quando empregadas no mesmo sentido que mãos e braços. Assim, a extensão cognitiva e o acoplamento *soft* são propriedades ubíquas, mas graduais.

Neste capítulo, exploraremos a ideia de que nossas mentes e capacidades cognitivas também são estendidas e "expandidas" por nossas interações com outras pessoas. Na verdade, as formas mais robustas e potentes de aprimoramento cognitivo ocorrem quando interagimos uns com os outros. Embora consideremos que nossa inteligência é nossa como indivíduos, ela é, na verdade, uma capacidade *compartilhada* interpessoalmente. Nossa inteligência também é ampliada por outras pessoas por meio dos resíduos deixados pelo trabalho de inúmeras outras pessoas — resíduos que se tornaram incorporados em nossa linguagem, em nossas práticas sociais e em nossa cultura.[2]

MENTALIZANDO EM ENCONTROS

A extensão da mente é mais potente quando o que está envolvido fora do corpo físico é outra pessoa — o poder de outra mente. O que torna a extensão social tão poderosa é que, ao nos engajarmos no diálogo, nós nos tornamos reciprocamente ligados aos processos cognitivos da outra pessoa. Cada um se torna um aspecto estendido da mente do outro, e as capacidades cognitivas de ambos são ampliadas. Hutchins afirma que "os grupos devem ter propriedades cognitivas não previsíveis a partir do conhecimento das propriedades dos indivíduos no grupo".[3]

Considere uma interação voltada à resolução de problemas envolvendo duas pessoas. Ambos os indivíduos se tornam envolvidos em uma interação recíproca contínua, de forma que cada um atua como uma extensão cognitiva do outro. Não há, então, nenhuma demarcação clara entre os processos mentais das duas pessoas durante o diálogo. Os processos mentais que levam à solução não podem ser localizados inteiramente dentro de um cérebro/corpo. Uma conexão *soft* temporária emerge entre dois sistemas

---

[2] Clark e Chalmers, conforme se encontra no apêndice de Clark, *Supersizing the Mind* [Ampliando a mente], p. 231.
[3] Edwin Hutchins, *Cognition in the Wild* [Cognição na natureza] (Cambridge, MA: MIT Press, 1995), xiii.

cognitivos anteriormente independentes. Pode-se dizer que a mente em funcionamento se estende para além de cada participante, no espaço interpessoal da discussão mantida entre eles. É o *loop* contínuo de ideias-*feedback*-ideias corrigidas cruzando entre essas pessoas que constitui a rede cognitiva em busca de um caminho para a solução. Quando alguém se vê envolvido em tal diálogo, não é incomum ficar surpreso ao se ouvir dizendo algo. Fica claro que você nunca teria pensado nisso antes do contexto da conversa em andamento. Seu pensamento foi expandido na rede cognitiva da conversa.

Na medida em que dois indivíduos formaram uma rede cognitiva compartilhada em conexão *soft* (um diálogo interativo genuíno), não é possível considerar o sistema cognitivo em funcionamento como confinado a dois cérebros separados e isolados. É mais razoável considerar o surgimento de um único sistema cognitivo constituído pelo acoplamento interativo dos processos cognitivos que ocorrem dentro de cada um dos participantes. O diálogo, quando genuinamente engajado como uma interação recíproca, constitui uma mente mutuamente estendida. Não é razoável atribuir a um ou outro participante quaisquer soluções ou ideias que surjam da conversa.

O falecido neurocientista e engenheiro de sistemas de informação cristão Donald MacKay discutiu, em seu livro *Behind the Eye* [Atrás do olho], a natureza do diálogo interpessoal do ponto de vista dos sistemas de informação.[4] Para MacKay, o diálogo representa um *loop* fechado de *feedback*, que envolve o processamento de informações entre os participantes. Como em nossa descrição da cognição incorporada no capítulo 3, MacKay entende que a percepção e o conhecimento são constituídos pela prontidão para a ação — o que MacKay chama de "prontidão condicional para lidar" com o mundo à mão. O diálogo, então, envolve um *loop* de *feedback* contínuo de interações informativas em que a prontidão para a ação de cada participante é recíproca e sincronizadamente impactada. Assim, de acordo com MacKay: "Para efeitos de análise causal... os dois que estão reciprocamente acoplados no diálogo são um único sistema".[5]

---

[4] Donald M. MacKay, *Behind the Eye* [Atrás do olho] (Cambridge, MA: Basil Blackwell, 1991), p. 144-50. Esse livro é baseado nas *Gifford Lectures* de MacKay na Universidade de Glasgow, em 1986.
[5] MacKay, *Behind the Eye* [Atrás do olho], p. 149.

O que é mais intrigante é que, de acordo com MacKay, para cada participante do diálogo, há uma indiscutível experiência subjetiva de entrar em tal relacionamento reciprocamente acoplado. MacKay aponta que "o fechamento do *loop* [entre dois indivíduos] é quase palpável".[6] A base desse sentimento palpável é a experiência de se tornar, por um momento, um sistema cognitivo. Há uma mudança subjetivamente detectável quando o sistema cognitivo de cada pessoa no diálogo se estendeu para incluir o sistema cognitivo da outra, de modo que as pessoas se tornaram *soft*-conectadas em um único sistema, com os benefícios de processamento cognitivo da capacidade cognitiva expandida.

Expressas mais tecnicamente, as teorias modernas de sistemas vivos de todos os tipos (incluindo os sistemas sociais humanos) descrevem a possibilidade de uma reorganização do sistema, que resulta em uma mudança dos sistemas de *componentes dominantes* para os sistemas de *interação dominante*.[7] Em sistemas de componentes dominantes, os processos e os resultados gerais em curso são dominados (e explicáveis) pelo comportamento das várias partes individuais (ou pessoas no contexto de nossa discussão) operando individualmente. No entanto, em sistemas de interação dominante, o resultado passa a ser dominado pelos processos que emergem da *interação* entre as partes, não pelas próprias partes — isto é, as partes se organizaram em um sistema. Por exemplo, a análise da atividade do jogo de um time de futebol com crianças de seis anos revelaria claramente um time de componentes dominantes, no qual, em geral, cada criança corre de um lado para o outro chutando a bola em direção ao gol. No entanto, um time de futebol com jogadores de dezesseis anos, que joga junto há algum tempo, seria um sistema de interação dominante, já que cada jogador tem um papel dentro do esquema do time, esse time reage como um todo. Assim que o jogo termina, a auto-organização se dissolve novamente em uma atividade dirigida por componentes. A auto-organização de duas ou mais pessoas em um sistema de interação dominante é o que seria chamado de conexão *soft* ou acoplamento *soft* interpessoal.

---

[6] Idem.
[7] Guy C. van Order; John G. Holden; Michael T. Turvey, "Self-Organization of Cognitive Performance", *Journal of Experimental Psychology* 132 (2003): 331-50.

Todas as semanas, nós dois nos reunimos com nossos respectivos alunos de pós-graduação para uma reunião de laboratório. Frequentemente, a agenda envolve a solução de um problema relacionado à pesquisa. Por exemplo, no laboratório de Warren, o problema pode envolver a forma de testar uma hipótese sobre a capacidade diminuída de pessoas com um distúrbio cerebral específico. Quando uma solução é descoberta, é difícil, em retrospecto, atribuir a solução a uma única pessoa. A ideia surgiu da interatividade de todo o grupo. Mesmo que uma pessoa pareça ter tido um *insight* crítico, ela só o fez com o benefício do contexto interativo e da estrutura dos processos de raciocínio compartilhados. A mente que estava operando durante o esforço mental coletivo para aresolução do problema estava em conexão *soft* temporária com os sistemas cognitivos reciprocamente estendidos de todos os participantes. Claro, nem todo aluno sentado ao redor da mesa em uma reunião de laboratório pode estar estendido à rede cognitiva que está operando em determinado momento. Com frequência, um ou dois são meramente observadores passivos e, no momento, não estão engajados na tarefa cognitiva em questão. E, quando o grupo passa para a próxima questão, uma nova rede emerge, muitas vezes incluindo um conjunto diferente de pessoas.

Outro exemplo de amplificação por meio da extensão social vem do mundo da ciência. À medida que a ciência vai progredindo, é cada vez mais verdadeiro que os problemas científicos de ponta desafiam as capacidades não apenas de um cientista em particular, mas também de qualquer campo da ciência em particular. Muitos avanços e descobertas vêm de equipes multidisciplinares que se mostram capazes de superar sua capacidade de resolver problemas científicos por meio de colaboração e interatividade. Por exemplo, enormes avanços foram feitos, e ainda estão sendo feitos, no domínio da neuroimagem — a capacidade de gerar imagens da estrutura e da função do cérebro de uma pessoa viva, de maneira não invasiva. Esses avanços estão sendo feitos por interações multidisciplinares envolvendo matemáticos, físicos, engenheiros, neurofisiologistas e neurologistas, entre outros profissionais. Às vezes, essas interações envolvem reuniões ou conversas presenciais; outras vezes, sequências de *e-mails*. Às vezes, a colaboração é virtual, envolvendo sementes cognitivas lançadas em artigos científicos ou livros escritos por outros pesquisadores que, portanto, estão apenas virtualmente presentes. Quaisquer que sejam os meios de interação e colaboração, o processo cognitivo que conduz à solução não pode ser considerado como tendo ocorrido dentro do cérebro/corpo de uma única pessoa; ao contrário, surgiu de interações diretas ou virtuais com a mente de outras pessoas. Quase nunca é verdade que nosso pensamento é exclusivamente nosso e desvinculado do trabalho de outras pessoas, que podem ou não estar presentes. Em vez disso, nosso raciocínio resulta de colaboração e incorporação. Contudo, se isso é harmonioso, fluido e efetivo, tem a ver com o tempo e a intensidade do *feedback* interativo.

EXPANSÃO INTERPESSOAL DA MEMÓRIA

Um grupo de antigas amigas de faculdade se reúne em um restaurante depois de muitos anos sem contato. Após uma rodada de atualização sobre a situação pessoal de cada uma, a conversa se volta para memórias da vida universitária. Elas contam histórias que são constituídas por diferentes pessoas, que contribuem com diferentes partes de suas próprias memórias. No final, emergem memórias de eventos que não estavam, em sua totalidade, de posse de ninguém à mesa antes da discussão. A memória foi expandida (e talvez até mesmo parcialmente confabulada!) por meio do processo interativo do grupo em relembrar. O processo interativo do grupo serviu para dar dicas de memórias à mente de cada uma e ampliou significativamente a totalidade do que poderia ser lembrado. Esse processo, às vezes, é chamado de "contágio autobiográfico",[8] sinalizando para o processo muito ativo e dinâmico da memória colaborativa.

Esse tipo de ampliação da memória por meio de interações sociais tem sido sistematicamente estudado na pesquisa psicológica. O fenômeno também é conhecido como "memória colaborativa".[9] O experimento típico envolve apresentar às pessoas uma série de palavras em um computador e pedir a elas que tentem lembrar-se delas. Em seguida, o estudo compara

---

[8] Elizabeth A. Kensinger; Hae-Yoon Choi; Brendan D. Murray; Suparna Rajaram, "How Social Interactions Affect Emotional Memory Accuracy: Evidence from Collaborative Retrieval and Social Contagion Paradigms", *Memory & Cognition* 44, nº 5 (2016): 706-16, https://doi.org/10.3758/s13421-016-0597-8.
[9] Suparna Rajaram and Luciane P. Pereira-Pasarin, "Collaborative Memory: Cognitive Research and Theory", *Perspectives on Psychological Science* 5, nº 6 (2010): 649-63, https://doi.org/10.1177/1745691610388763.

a memória média de indivíduos respondendo sozinhos com a quantidade de memória recolhida em um processo colaborativo de rememoração em grupo. Em geral, uma porcentagem maior de rememorações precisas é alcançada pelo processo colaborativo do que por indivíduos que operam de forma independente. O cruzamento de memórias pelo grupo colaborativo equivale à extensão cognitiva recíproca às memórias de outros, o que, em muitos casos, aumenta significativamente o que pode ser lembrado. (No entanto, a memória colaborativa pode, em alguns casos, ser menos precisa se o sistema de memória recíproca substituir uma memória mais precisa de um dos indivíduos.)

O conceito de extensão social também implica que a memória pode ser terceirizada para outras pessoas como maneira eficiente de cuidar de certas coisas fora de sua própria cabeça, mas com as memórias ainda disponíveis conforme a necessidade. Por exemplo, é possível contar com um assistente executivo profissional para ter certas informações prontamente disponíveis (em formas externas de memória ou baseadas no cérebro) que excedem a capacidade do supervisor de lembrar, como nomes de contatos comerciais importantes, fornecedores, detalhes de interações passadas etc. A memória dessas informações importantes foi transferida pelo supervisor para o domínio do assistente (bem como os registros institucionais).

MENTES ESTENDIDAS DENTRO DE FAMÍLIAS

Algumas formas de extensão interpessoal são mais profundas, mais habituais e mais implícitas. Considere a entidade cognitiva frequentemente *soft*-conectada que é um casal. É muito comum que cada cônjuge de um casal que está casado há muito tempo tenha o outro profundamente incluído e mapeado no sistema cognitivo que incorpora sua personalidade, de modo que várias formas de conexão *soft* do processamento cognitivo interativo entre eles tornaram-se habituais e inconscientes. Em diferentes contextos e de maneiras distintas, cada um é uma extensão e uma ampliação cognitiva do outro. Para cada um, o mapa cognitivo de si mesmo como um agente incorpora o outro no que diz respeito aos hábitos de mente estendida. Esses hábitos de conexão *soft* são prontamente reengajados em suas interações diárias, às vezes se tornando virtuais quando um imagina as prováveis respostas do outro em uma situação particular.

Um exemplo de compartilhar a bagagem cognitiva, que é típico de muitos casais, é a lembrança de eventos passados ou futuros importantes. Às vezes, a extensão de memória oferecida por uma pessoa é bastante explícita. Não é incomum que um dependa do outro para domínios específicos da memória, como em: "minha esposa se lembra de todos os aniversários da família". Quando esse homem precisa se lembrar de um aniversário da família, ele consulta a esposa — um cenário muito semelhante ao da agenda de Otto. No caso de casais mais velhos, em que um sofre de deficiência cognitiva (como Otto), o outro pode fornecer uma espécie de reserva cognitiva para seu cônjuge deficitário na forma de um recurso de memória estendida extracorpórea. No entanto, na maioria dos domínios da vida, os cônjuges não têm consciência explícita de sua dependência cognitiva do outro quanto à maneira como lidam com as muitas exigências da vida, incluindo memórias importantes.

Famílias inteiras (nucleares, mescladas, estendidas etc.) também servem como fontes dinamicamente flutuantes de extensão cognitiva e social para os membros da família. Isso é mais óbvio no caso de crianças. As crianças pequenas são particularmente dependentes da ampliação de suas capacidades de entendimento e superação por meio da extensão a outros membros da família. Isso é parte do que significa desenvolver-se como uma pessoa dentro de uma família. Momentos de extensão cognitiva por meio do acoplamento *soft* com um membro da família permitem a solução do problema em questão, bem como ocasiões para aprender novas informações e capacidades. As crianças também aprendem quais são as formas mais úteis de conexão *soft* e extensão para resolver tipos específicos de problemas, ou seja, quem pode ajudar em quais questões. Essas experiências de extensão cognitiva baseadas na família são ocorrências de formação, permitindo que o resultado da extensão cognitiva seja assimilado em suas habilidades, compreensão e visão de mundo.

À medida que os adolescentes começam a se diferenciar de suas famílias, às vezes pagam um preço ao abandonar muitas oportunidades importantes de extensão cognitiva e social com base na família. O desempenho individual, como se agora fossem indivíduos inteiramente independentes do ponto de vista cognitivo, ou as extensões cognitivas envolvendo pares igualmente inexperientes, podem levar a capacidades reduzidas para lidar com as complexidades da vida cotidiana, comportamentos de risco e até mesmo prejudicar sua capacidade de ser bem-sucedido. Embora a maioria dos adolescentes ainda esteja dentro de suas famílias, eles podem não estar suficientemente engajados do ponto de vista cognitivo, ou seja, podem não estar dispostos a se conectar com outras pessoas na solução de problemas para se beneficiar da mente estendida, disponível nas relações familiares.

Da maneira como o filósofo Alasdair MacIntyre a entende, a extensão cognitiva social é importante para desenvolver virtudes em nossos filhos (e em nós mesmos), bem como para corrigir nossos erros intelectuais e morais. Como ele escreve: "Mas a aquisição das virtudes, habilidades e autoconhecimento necessários é algo que devemos, em parte, àqueles outros em especial de quem dependemos... Pois continuamos até o fim de nossas vidas precisando de outros para nos sustentar em nosso raciocínio prático". E continua: "E nossos erros intelectuais estão frequentemente, embora nem sempre, enraizados em nossos erros morais. De ambos os tipos de erro, as melhores proteções são a amizade e a colegialidade".[10]

A LINGUAGEM COMO FERRAMENTA DE EXTENSÃO SOCIAL

A linguagem amplia e transforma a mente. Boa parte do que podemos pensar, e como pensamos, emerge de nossa capacidade para a linguagem. Seja envolvendo interações em tempo real com outras pessoas, seja a fala simulada internamente, a natureza e o escopo do processamento cognitivo envolvido são ampliados e transformados pela linguagem. A maioria das formas de extensão social do pensamento e da mente envolve a linguagem. Clark resume a importância da linguagem da seguinte maneira:

> Repetidamente usamos palavras para enfocar, esclarecer, transformar, descarregar e controlar nosso próprio pensamento. Compreendida dessa forma, a linguagem

---

[10] Alasdair MacIntyre, *Dependent Rational Animals: Why Human Beings Need the Virtues* [Animais racionais dependentes: por que os seres humanos precisam das virtudes] (Chicago: Open Court, 1999), p. 96.

não é simplesmente um espelho imperfeito de nosso conhecimento intuitivo. Ao contrário, é parte integrante do próprio mecanismo da razão.[11]

Parte da razão pela qual a linguagem está tão profundamente implicada na extensão social é que ela sempre sugere alguma forma de interação interpessoal imediata ou virtual; até mesmo a linguagem usada no texto que você está lendo pressupõe uma interação (e acoplamento cognitivo) entre você como leitor e nós como autores.

Assim, a profundidade e a riqueza das extensões cognitivas envolvendo outras pessoas são construídas nas capacidades dos seres humanos de falar e compreender a linguagem. A linguagem é dependente, para sua origem e desenvolvimento, de um ambiente social interativo. É uma ferramenta de extensão cognitiva que é aprendida, mantida e progressivamente enriquecida por interações sociais. Em uma história bem conhecida da psicologia do desenvolvimento, Genie era uma criança que sofreu severo isolamento social por pais abusivos até ser descoberta, aos treze anos.[12] Privada de interações sociais com os pais ou com outras pessoas, ela não pôde desenvolver a capacidade de linguagem. Em consequência, Genie era cognitivamente deficiente, não por causa de qualquer dano cerebral congênito ou adquirido, mas por causa de suas severas limitações de linguagem e, portanto, da ausência de desenvolvimento cognitivo baseado na linguagem.

A necessidade da linguagem para fornecer um meio de aperfeiçoamento cognitivo por meio de interações sociais é ilustrada no surgimento da linguagem de sinais da Nicarágua.[13] Em 1980, a Nicarágua criou sua primeira escola profissionalizante para surdos. O currículo oficial desse internato envolvia leitura labial e algo de soletrar palavras em espanhol através de sinais. No entanto, as crianças tinham uma forte necessidade de se comunicar umas com as outras, no pátio da escola, de maneira mais eficiente e profunda, razão pela qual começaram a gesticular. Depois de alguns anos, os gestos começaram a se transformar em uma forma de linguagem mais

---

[11] Andy Clark, *Being There: Putting Brain, Body, and World Together Again* [Estar lá: juntando o cérebro, o corpo e o mundo novamente] (Cambridge, MA: MIT Press, 1997), p. 207.
[12] Susan Curtiss, *Genie: A Psycholinguistic Study of a Modern-Day "Wild Child"* [Genie: um estudo psicolinguístico de uma "criança selvagem" dos dias modernos] (Boston: Academic Press, 1977).
[13] Ann Senghas, Sotaro Kita, and Asli Özyürek, "Children Creating Core Properties of Language: Evidence from an Emerging Sign Language in Nicaragua", *Science* 305 (2004): 1779-82.

padronizada — uma linguagem de sinais inventada de improviso. À medida que essa linguagem de gestos passou a ser transmitida a crianças mais novas que entravam na escola, começou a assumir formas gramaticais ainda mais padronizadas. No final da década de 1980, esse fenômeno chamou a atenção dos linguistas, que descobriram que esse sistema de gestos e signos já possuía muitas das características de uma linguagem formal. Assim, o desenvolvimento espontâneo de uma nova linguagem foi impulsionado pelas necessidades das crianças de interação social e pelos benefícios de um maior aperfeiçoamento cognitivo através do meio mais rico de acoplamento *soft*, que é a linguagem.

CRIAÇÃO DE SIGNIFICADO INTERPESSOAL

O que há na capacidade de conversar com outra pessoa que motivou as crianças surdas da escola nicaraguense a inventarem juntas uma nova linguagem de sinais? O que significa ter uma linguagem por meio da qual conversamos e que pode enriquecer o pensamento e a mente? Teorias recentes na filosofia da linguagem enfatizam a importância de processos coordenados de interações de linguagem no processo de construção de significado.[14] Essas teorias enfatizam a ideia de que a descrição e a caracterização das interações linguísticas não podem limitar-se à noção de que cada indivíduo está tentando comunicar uma ideia da sua própria mente para a mente do outro. Em vez disso, as interações de linguagem envolvem um processo de criação de significado interativo e coordenado para ambos (todos) os participantes. O acoplamento *soft* interpessoal inerente ao diálogo é mais bem-compreendido como constituindo um sistema dinâmico auto-organizado e interativo, do qual emergem significados que são construídos em conjunto pelos participantes.

Pesquisas em psicologia revelam claramente que as pessoas engajadas em uma conversa tornam-se entrelaçadas e sincronizadas umas com as outras de várias maneiras distintas: balanço corporal, postura, velocidade da fala, tom de voz, intensidade vocal, pausa, a direção do olhar de

---

[14] Elena Cuffari, "Keep Meaning in Conversational Coordination", *Frontiers in Psychology* 5 (2014): 1397, www.frontiersin.org/articles/10.3389/fpsyg.2014.01397/full.

cada participante e contágio emocional.[15] Assim, os participantes em acoplamento *soft* formam um "sistema de ação conjunta", ou seja, um sistema dinâmico de interação que transcende os indivíduos.

Uma conversa envolve formação conjunta e coordenação de significados em torno do que está sendo discutido (explícita e implicitamente). Juntamente com a ideia de que a semântica das palavras está incorporada (ou seja, está enraizada e é mantida na forma de memórias de experiências sensoriais e motoras), o resultado da sinergia dinâmica de uma conversa vai formulando e reformulando significados incorporados nos sistemas cognitivos de cada participante.

Uma conversação é um *fazer* compartilhado — um processo físico, prático e social cooperativo e coordenado. Estabelecidos no diálogo, há um propósito, uma tarefa ou uma direção compartilhada. Assim, a conversa contém uma teleologia funcional.[16] Mesmo na conversação mais casual e social (em uma festa, por exemplo), existem propósitos sociais/relacionais que são compartilhados pelos participantes e que vão moldando o rumo da conversação em curso. E, dado que uma conversação é constituída por uma teleologia compartilhada, ela é intrinsecamente moral, ou seja, tem impacto no comportamento futuro e no caráter dos participantes. Ela modela e remodela os significados que influenciam o comportamento futuro de cada participante. Dessa maneira, as considerações morais também são enfatizadas (para melhor ou para pior), por extensão.

EXTENSÃO COGNITIVA E PRÁTICAS CULTURAIS

Existe outro domínio da cognição socialmente estendida no que tem sido referido como "instituições mentais".[17] Em discussões sobre extensão cognitiva, "instituições mentais" referem-se a procedimentos, práticas e informações culturalmente estabelecidas, que fornecem a estrutura para reflexão, resolução de problemas, tomada de decisão e ação em domínios

---

[15] Veja Keysers sobre neurônios-espelho e contágio em *The Empathic Brain: How the Discovery of Mirror Neurons Changes Our Understanding of Human Nature* [O cérebro empático: como a descoberta dos neurônios-espelho muda nossa compreensão da natureza humana] (*self-pub.*, Amazon Digital Services, 2011), Kindle, p. 92.
[16] Cuffari, "Keep Meaning in Conversational Coordination".
[17] Shaun Gallagher, "The Socially Extended Mind", *Cognitive Systems Research* 25-26 (2013): 6.

complexos. Elas fornecem esquemas ágeis e prontos, quando se mostram necessários, para reflexão, bem como roteiros para ação dentro de um domínio específico, que representam as contribuições cumulativas de muitos indivíduos no passado. Essas instituições mentais sociais e culturais estendem a cognição, estabelecendo práticas aceitas e informações relevantes vinculadas a tópicos específicos e situações complexas, permitindo que se envolva a situação em questão usando processos cognitivos preexistentes que estão muito além do que a cognição individual permitiria. "Essas instituições nos permitem participar de atividades cognitivas que não somos capazes de executar puramente de cabeça, ou mesmo em muitas cabeças."[18]

O filósofo Shaun Gallagher descreve o sistema legal como um exemplo de instituição mental que estende socialmente a cognição. A instituição de informações legais, procedimentos, práticas e precedentes é o produto de muitas mentes e interações humanas anteriores que, juntas, constituem um sistema que transcende qualquer indivíduo em particular. Resolver problemas jurídicos requer acesso a um sistema que não pode ser mantido pela mente de um único indivíduo. Como Gallagher descreve: "Se estamos justificados em dizer que trabalhar com uma agenda ou com uma calculadora é estender a mente, parece igualmente correto dizer que trabalhar com a lei, com o uso do sistema legal na prática de argumentos jurídicos, com deliberação e julgamento... é estender a mente".[19]

Acessar a instituição mental do sistema legal é como seguir instruções na montagem de móveis da Tok&Stok. Para resolver o problema e descobrir o que fazer em seguida, é necessário o benefício de extensão cognitiva na mente daqueles que projetaram os móveis, conforme mediado pelas instruções no manual. A medicina e o sistema de saúde, os muitos domínios das disciplinas científicas e acadêmicas, arquitetura etc., são todas instituições mentais que fornecem recursos de extensão cognitiva para pessoas nesses campos.

Consistente com nossa ilustração anterior da família, Gallagher especula que, em termos de desenvolvimento, a primeira instituição que

---

[18] Idem.
[19] Gallagher, "The Socially Extended Mind", p. 6.

as crianças empregam para extensão cognitiva é a família. Conforme ele sugere: "Processos corporificados e situados básicos, de intersubjetividade primária e secundária, puxam a criança para hábitos cognitivos que moldam toda a aprendizagem posterior e que se tornam práticas linguísticas (e narrativas) que, posteriormente, são elaboradas por outras instituições sociais encontradas pela criança".[20] A extensão cognitiva a instituições mentais de conhecimentos e procedimentos familiares é apenas um dos muitos sistemas sócio-cognitivos implícitos em que nos apoiamos diariamente para esculpir e aprimorar nosso comportamento, pensamento e solução de problemas.[21]

PSICOTERAPIA COMO EXTENSÃO COGNITIVA SOCIAL

As interações sociais e "instituições mentais" (como a família) que estendem a cognição e formam nossos "hábitos cognitivos" (para usar a terminologia de Gallagher) nem sempre são psicologicamente saudáveis. Às vezes, os hábitos cognitivos que assimilamos não conduzem à nossa felicidade, e estendem a cognição de maneiras que não levam ao florescimento. Em tais casos, formas alternativas de extensão cognitiva social, como a psicoterapia, podem ser úteis para reformular os hábitos cognitivos. Assim, a psicoterapia (que, por sua vez, faz parte da instituição mental mais ampla da psicologia) pode ser pensada como uma forma de extensão cognitiva social na qual, durante uma sessão terapêutica, um cliente e um terapeuta se conectam em um sistema cognitivo reciprocamente estendido, focado nas questões psicológicas do cliente. Em relação à terapia e a muitas outras formas de extensão social, a interação em qualquer momento ou referente a qualquer tópico particular pode não ser simétrica, com ambas as pessoas em diálogo contribuindo na mesma medida.[22] No entanto, o relacionamento é reciprocamente estendido, na medida em que cada um está interativamente

---

[20] Ibidem, p. 7.
[21] Abordamos as questões das instituições mentais e da vida cristã de forma mais completa no capítulo 8.
[22] Warren S. Brown, "Cognitive Contributions to Soul", em *Whatever Happened to the Soul: Scientific and Theological Portraits of Human Nature* [O que aconteceu com a alma? Retratos científicos e teológicos da natureza humana], org. Warren S. Brown, Nancey Murphy, e H. Newton Malony (Minneapolis, MN: Fortress, 1998), p. 99-126.

engajado no raciocínio do outro. De fato, o escritor e psicoterapeuta Lewis Aron descreve a relação terapêutica como mútua, mas assimétrica.[23]

Embora o impacto da incorporação e da cognição incorporada esteja ganhando mais discussão nos círculos de psicoterapia, pouco se escreveu sobre o papel da extensão cognitiva no processo de terapia. No entanto, os terapeutas têm escrito extensivamente sobre a importância da "relação terapêutica". A qualidade da relação terapêutica é considerada um elemento do que chamamos de "fatores comuns" que predizem os resultados terapêuticos, independentemente do modo de terapia empregado. Quanto mais forte for essa relação, melhor será o resultado.

As teorias sobre o que exatamente significa a relação terapêutica e por que é tão importante variam amplamente. Algumas abordagens de psicoterapia baseiam-se em um modelo médico no qual o terapeuta atua como um especialista a quem o paciente ou cliente (consumidor) recorre para obter conselhos. Segundo essa abordagem, o relacionamento terapêutico precisa simplesmente criar cordialidade e confiança suficientes para que o paciente siga todas e quaisquer diretrizes (prescrições e dever de casa) oferecidas pelo terapeuta. Contudo, há uma espécie de extensão social quando o cliente se engaja ao sistema cognitivo do terapeuta em um modo de resolução de problemas.

No entanto, as terapias contemporâneas, que se concentram mais na mudança de personalidade/caráter do que na mera redução de sintomas, tendem a conceituar a relação terapêutica como um processo mais intensamente recíproco. A terapia não é simplesmente o consumo de conselhos oferecidos por um sábio profissional da saúde mental. A terapia é um processo mútuo e recíproco, embora com aspecto um tanto assimétrico.[24] Assim, quando a terapia vai bem, tem natureza dialógica, ou seja, é constituída por um tipo particular de interação linguística. "O dialógico é a expressão de um tipo especial de relação em que nossa interação abraça a totalidade do outro ao imaginar o que é real para [o outro]".[25] Para que o

---

[23] Lewis Aron, *A Meeting of Minds: Mutuality in Psychoanalysis* [Um encontro de mentes: mutualidade em psicanálise] (Hillsdale, NY: The Analytic Press, 1996).
[24] Aron, *A Meeting of Minds* [Um encontro de mentes].
[25] William G. Heard, *The Healing Between: A Clinical Guide to Dialogical Psychotherapy* [A cura entre: um guia clínico para psicoterapia dialógica] (São Francisco: Jossey-Bass, 1993), p. 23.

verdadeiro diálogo e a cura subsequente ocorram, esses teóricos sugerem que uma terceira realidade deve emergir — às vezes referida como "o entre".[26] De acordo com o trabalho contemporâneo em pesquisa observacional infantil e teoria do apego, essa abordagem vê os seres humanos emergindo com personalidade plena apenas em e por meio de relacionamentos com outros seres humanos. Assim, a terapia se torna um tipo único de encontro entre pessoas, gerando a oportunidade para que a mudança e a transformação ocorram.

Esse "entre" único também foi descrito por pensadores contemporâneos como um "encontro de mentes",[27] "o Terceiro"[28] e "intersubjetividade".[29] Embora esses autores enfatizem diferentes aspectos e qualidades do momento dialogal, o que parece ser o fio condutor é que algo único é criado quando as subjetividades de duas pessoas interagem de maneiras específicas.

De acordo com nossa compreensão da extensão cognitiva, não conceituaríamos esse fenômeno como o surgimento de uma terceira *coisa* reificada, ou mesmo de uma terceira *mente*. Em vez disso, enfatizaríamos que o acoplamento *soft*, dinâmico e intenso dos processos mentais do terapeuta e do cliente resulta em um processo expandido, que é mais do que o processamento cognitivo que poderia ocorrer dentro do sistema mental de qualquer um dos participantes sozinho. O processo dialogal não é apenas um encontro de duas mentes, ou de duas subjetividades interagindo uma com a outra; nem é uma coisa completamente nova — uma terceira mente. Antes, uma *nova forma de mente* emerge tanto para o terapeuta como para o cliente — uma mente *soft*-acoplada e recíproca e, portanto, expandida. As mentes do terapeuta e do paciente são realmente estendidas para "o entre" do diálogo, resultando em um processamento cognitivo enriquecido (tanto consciente como inconsciente).

É claro que nem todas as terapias ou momentos de terapia são igualmente bem-sucedidos em gerar uma extensão robusta a uma mente

---

[26] Ibidem, p. 26.
[27] Lewis Aron, *A Meeting of Minds* [Um encontro de mentes].
[28] Jessica Benjamin, "Beyond Doer and Done To: An Intersubjective View of Thirdness", *The Psychoanalytic Quarterly* 73 (2004): 4-56.
[29] Donna M. Orange, George A. Atwood, and Robert D. Stolorow, *Working Intersubjectively: Contextualism in Psychoanalytic Practice* [Trabalhando intersubjetivamente: contextualismo na prática psicanalítica] (Hillsdale, NJ: The Analytic Press, 1997).

dialogicamente estendida. Para que a conexão *soft* e a extensão social cognitiva ocorram, os dois indivíduos devem estar envolvidos em um *loop* de *feedback* interativo que envolva um ao outro — um *loop* entre dois cérebros/corpos que estão inseridos num diálogo contínuo. E, embora seja certamente possível conceituar isso como acontecendo principalmente na linguagem e por meio dela, também envolve coordenação empática e emocional entre os participantes,[30] com sincronia nas qualidades emocionais da interação. Na terapia, como em todas as interações humanas, a expansão ocorre por meio da reciprocidade interacional e envolve muitas formas: linguagem, gesto, linguagem corporal, imitação e expressões emocionais.

Essa visão da natureza da psicoterapia tem grande importância por causa de sua semelhança (embora com objetivos diferentes) com as práticas relacionais cristãs, como, por exemplo, a direção espiritual. A direção espiritual, o discipulado clássico e pequenos grupos, destinados a promover a formação e a maturidade cristã, são relacionalmente semelhantes à psicoterapia.[31] Essas relações não devem ser entendidas simplesmente como formas de disseminar informações ou de gerar experiências subjetivas privadas. Em vez disso, a cognição incorporada e estendida sugere que o crescimento e a maturidade cristãos só podem surgir com base na natureza das interações interpessoais — verdadeiro acoplamento *soft* interindividual. Para que ocorra um enriquecimento da vida cristã, deve haver tempo e intensidade suficientes nos relacionamentos para permitir muitas iterações de troca interpessoal recíproca. O desenvolvimento de um entendimento comum e de uma ressonância interpessoal que promova a formação cristã só pode ocorrer na intensidade das vidas compartilhadas, permitindo que surja o "entre" da relação. Surgirá entre os dois indivíduos uma mente estendida e expandida, o que aumentará a possibilidade

---

[30] Thomas Lewis; Fari Amini; Richard Lannon, *A General Theory of Love* [Uma teoria geral do amor] (Nova York: Random House, 2000).
[31] Para uma comparação interessante entre psicoterapia e direção espiritual, consulte Gerald G. May, *Care of Mind, Care of Spirit: A Psychiatrist Explores Spiritual Direction* [Cuidado da mente, cuidado do espírito: um psiquiatra explora a direção espiritual] (São Francisco: HarperSanFrancisco, 1992), e Alan Jones, *Soul Making: The Desert Way of Spirituality* [Edificação de almas: o caminho da espiritualidade do deserto] (São Francisco: HarperSanFrancisco, 1989).

de formação, levando a uma forma de vida cristã mais robusta, corporificada e holística.

Conforme descrito neste capítulo, a ideia de extensão cognitiva social sugere que nossa personalidade, a qualquer momento, pode incluir outras pessoas. Quando estamos relacionalmente situados, nossas mentes incluem e incorporam o que emerge de nossas interações com os outros. A incorporação de outras mentes constitui uma expansão de nossa vida mental para além de nossas capacidades enquanto pensadores solitários.

Com base no que discutimos neste capítulo, vamos propor nos capítulos seguintes que a expansão da vida cristã necessariamente deve incluir outros cristãos, enriquecendo essa vida para muito além de qualquer coisa de que somos capazes como cristãos solitários, isolados e individuais. Especificamente, este livro é sobre as possibilidades de extensão cognitiva social dentro da igreja, ou seja, as possibilidades de expandir a vida cristã por meio de extensões interpessoais em um corpo de cristãos. Importante para o que vamos desenvolver nos próximos capítulos é o conceito de pontos de plugagem, que permitem um acoplamento *soft* fácil e prontamente acessível, especialmente porque estão disponíveis na vida interpessoal, de conversação e corporativa dos cristãos e da igreja. Nossa tese, a ser explorada nos capítulos que se seguem, é que a vida cristã será diminuída e frágil quando vivida e experienciada separadamente dos outros, especialmente em comparação à vida mais potente e enriquecida (expandida), possível apenas quando vivemos em redes de extensão social que constituem o corpo de Cristo.

SEÇÃO 3

A natureza da igreja

NA SEÇÃO 2, DESCREVEMOS AS IDEIAS ATUAIS sobre a natureza estendida da mente humana, que exigem uma reimaginação da natureza da vida cristã e do papel da igreja. Na Seção 3, reimaginamos a vida cristã e a igreja, considerando as implicações da extensão da mente para repensar o papel da igreja na edificação dessa vida. No capítulo 6 (A igreja e "minha espiritualidade"), começamos com uma discussão sobre a igreja. Começamos pela igreja em virtude da convicção de que a essência da vida cristã (e o que muitas vezes é referido como espiritualidade) não é algo pessoal e privado, mas corporativo e compartilhado. Embora muitas pessoas preferissem começar pela vida cristã individual para depois chegar à igreja, a igreja é nossa primeira preocupação. A vida cristã, da forma como a entendemos, emerge da vida de um corpo de cristãos, que, por sua vez, forma os indivíduos à medida que estes se estendem ao corpo.

O capítulo 7 (A vida "individual" do cristão) discute o resultado dessa vida corporativa na formação de pessoas individuais. Uma questão central desse capítulo é quanto do que é considerado uma vida cristã individual (incluindo práticas devocionais pessoais) é, na verdade, produto da vida corporativa. No capítulo 8 (As *wikis* da vida cristã), abordamos a questão das "instituições mentais" que enriquecem nossa vida cristã. Essas incluem, entre outras coisas, as tradições e práticas através das quais a vida histórica da igreja legou recursos para a extensão da vida cristã.

O capítulo 9 aborda algumas questões pendentes quanto ao tipo de igreja que temos em mente neste livro, e como entendemos a natureza da transcendência na experiência cristã. Finalmente, o capítulo 10 termina com três metáforas conceituais que ajudam a resumir, esclarecer e contextualizar o novo paradigma da compreensão da vida cristã que tentamos desenvolver.

Capítulo 6

A igreja e "minha espiritualidade"

Com respeito à compreensão da mente humana, Edwin Hutchins argumenta que a visão interna e computacional da mente, predominante desde meados do século passado, afastou-se tanto da sociedade como da vida prática.[1] Vamos defender aqui que a compreensão predominante da vida cristã ao longo do último século (pelo menos) também se afastou da sociedade (a igreja) e das práticas incorporadas.

Nosso argumento neste livro é que nós, como indivíduos, não somos tão espirituais ou cristãos quanto presumimos ser. Damos a nós mesmos mais crédito (e mais responsabilidade) do que deveríamos. Para que nossa vida cristã seja algo mais do que encolhida e insignificante, precisamos nos estender interativamente a artefatos, pessoas, comunidades e instituições que estão fora de nós. Embora atualmente muita coisa seja dita sobre o papel fundamental das igrejas e comunidades no que se refere à vida cristã, o conceito de extensão cognitiva que estamos enfatizando explica *por que* a comunidade cristã é importante, e uma linguagem para descrever o que está acontecendo (ou deveria estar) nas comunidades cristãs.

Neste capítulo, enfocamos a congregação eclesiástica, a fim de pensar sobre como podemos entender a vida cristã de forma diferente quando vista sob a perspectiva da igreja como uma rede densa de extensão interativa. Conforme discutido no capítulo 2, é típico pensar sobre espiritualidade, *primeiro* e acima de tudo, como um atributo individual das pessoas, e *então* considerar a igreja ou a comunidade um fator secundário e contribuinte. No entanto, começamos com a igreja, e não com a formação de

---

[1] Edwin Hutchins, *Cognition in the Wild* [Cognição na natureza] (Cambridge, MA: MIT Press, 1995), xii.

indivíduos, a partir da convicção de que a vida cristã flui primariamente da igreja para as pessoas.

POR QUE IGREJA?

Há grande diversidade, incerteza e mal-entendidos sobre por que a igreja é importante, sobre sua natureza fundamental e sobre o que deve ser. Quais são a razão e o benefício da adoração, das práticas e da vida em comum de uma congregação? E mesmo quando concordamos que a igreja é primária e central para a formação dos cristãos, o que isso realmente significa e como se parece dentro da perspectiva da extensão cognitiva?

Nos últimos anos, vários autores expressaram preocupação com a compreensão predominante atual do papel da igreja na vida cristã. Jonathan Wilson sugere, de uma forma provocativa, que, embora milhões de pessoas se reúnam semanalmente na igreja, esses fiéis não têm "uma noção clara do que devemos fazer *como igreja* ou por que fazemos essas coisas *como igreja*". Ele defende que a igreja existe "para dar testemunho das boas-novas de Jesus Cristo" e é "constituída como povo de Deus por suas práticas".[2] Wilson não acha que as boas-novas de Jesus sejam mais bem capturadas por um conjunto de crenças proposicionais, ideias ou princípios teológicos, mas, sim, pelo testemunho da graça de Deus em vidas humanas. É com a prática fiel na igreja e na vida dos cristãos que isso se confirma. Ele sugere que devemos entender *a igreja como prática*.

Dado que igreja é prática, Wilson argumenta que talvez possamos falar de *igreja* na forma verbal. "Nós igrejamos hoje?" "Vamos igrejar juntos?" Wilson ancora sua compreensão da igreja como prática na obra do filósofo Alasdair MacIntyre. O argumento de MacIntyre pode ser resumido em sua crença de que a cultura abandonou principalmente as convicções sobre um *telos*, ou seja, a *boa vida*,[3] que é o ponto final ou o objetivo para o qual a vida humana foi criada. Wilson se preocupa com isso em relação à

---

[2] Jonathan R. Wilson, *Why Church Matters: Worship, Ministry, and Mission in Practice* [Por que a Igreja é importante: culto, ministério e missão na prática] (Grand Rapids: Brazos Press, 2007), p. 9-10, ênfase no original.
[3] Por "boa vida", a tradição filosófica não diz respeito a uma concepção meramente hedonista de vida, mas, sim, a uma compreensão profunda da vida que vale a pena ser vivida, de uma vida que alcança seu propósito, realiza sua natureza e cumpre seus fins adequados. [N.E.]

igreja também. Embora o *bem* seja particular para determinado grupo em determinado momento, são as *práticas* do grupo que moldam e formam os participantes em direção ao *telos* compartilhado — o propósito, o bem, a razão de sua existência. Recorrendo a MacIntyre, Wilson argumenta que as práticas incorporam o conceito de bem, constituem a comunidade, orientam o grupo para os bens internos e estendem nossa concepção do bem.[4] Isso significa que é importante a forma *como* nós igrejamos. O que praticamos nos moldará de forma a manter nossa vida cristã individual e limitada ou estendida e robusta, ou seja, oferecerá oportunidade de nossa vida cristã ser ampliada.[5]

Por essa razão, uma igreja robusta e eficiente deve enfatizar as práticas que levam a produzir frutos externos, comunitários/sociais, missionais e espirituais. Como Rodney Clapp expressou: "Aqueles que seguem e se tornam como Cristo entregam seus corpos físicos ao seu corpo social, corporativo, a igreja".[6] A igreja é o povo que se reúne para ser formado em santidade por meio da participação em sua vida e em suas práticas — formação à imagem e à semelhança de Cristo. Deus salva a igreja e usa essa igreja santa para criar pessoas santas, não o contrário.

Claro, os indivíduos desempenham papéis específicos na igreja, mas fazem isso da mesma forma que os olhos desempenham um papel específico no corpo humano, ou como atores desempenham papéis específicos em uma peça — não sendo eles próprios o centro ou o foco, mas como simples atores a serviço de uma produção maior. Teremos mais a dizer sobre isso a seguir, quando discutirmos as práticas corporativas/litúrgicas da igreja e a igreja como um nicho cognitivo.

VIDA EM COMUM

Em nosso livro anterior, começamos a explorar por que pessoas corporificadas precisam da igreja, assim como o significado da natureza da

---

[4] Wilson, *Why Church Matters* [Por que a Igreja é importante], 15-17.
[5] Falaremos mais sobre o significado e o papel das práticas individuais no próximo capítulo. Isso responderá a perguntas sobre como pensamos sobre essas práticas individuais como formas de cognição estendida.
[6] Rodney Clapp, *Tortured Wonders: Christian Spirituality for People, Not Angels* [Maravilhas torturadas: espiritualidade cristã para pessoas, não anjos] (Grand Rapids: Brazos Press, 2004), p. 87.

igreja como corpo.[7] Caracterizamos a natureza das pessoas como sistemas dinâmicos abertos que são formados no contexto de redes sociais, como a igreja. Assim, a espiritualidade e a vida cristã não podem ser entendidas como privadas e internas, mas como abrigadas em um corpo de cristãos. Além disso, consideramos as próprias igrejas sistemas dinâmicos, formadas no contexto dos ambientes nos quais estão inseridas, mas também, e de maneira mais importante, formadas pela narrativa e pelo ensino das Escrituras.

No sentido mais amplo, uma "igreja" é (ou deveria ser) constituída por uma forma particular de vida vivida em conjunto por um grupo de cristãos. Há muitas perspectivas para descrever esse tipo de vida. Por exemplo, Dietrich Bonhoeffer escreveu sobre as características e qualidades da comunidade cristã em seu livro *Life Together* [Vida em comunhão] — características como louvor, oração, leitura da Bíblia, companheirismo à mesa e no trabalho, além de qualidades como humildade, ajuda, escuta, perdão e tolerância.[8] Bonhoeffer enfocou o que são, sem dúvida, os aspectos divinos mais importantes da vida cristã partilhada uns com os outros, e minimizou o aspecto "psíquico" (como ele se referia a isso). Por "psíquico", ele queria dizer experiências religiosas subjetivas individuais, em oposição às experiências de uma vida em comunidade.

A ideia de extensão cognitiva nos ajuda a entender alguns dos processos dinâmicos importantes que estão em jogo na vida cristã e algumas das razões pelas quais a vida em comunhão é mais vivificante do que o viver solitário. Como vimos nos capítulos 4 e 5, extensão cognitiva é a ideia de que prontamente estabelecemos acoplamento *soft* com artefatos humanos (por exemplo, ferramentas, agendas, iPhones) e/ou outras pessoas (por exemplo, cônjuge, família, grupo de trabalho), de modo a desenvolver e expandir nossas mentes. Da mesma forma, a igreja pode ser (deve ser) um grupo interativo de indivíduos que regularmente se envolvem em redes de extensão recíproca com respeito à vida de fé. *De preferência, as congregações eclesiais envolvem indivíduos que estão regularmente soft-acoplados*

---

[7] Warren S. Brown; Brad D. Strawn, *The Physical Nature of Christian Life: Neuroscience, Psychology, and the Church* [A natureza física da vida cristã: neurociência, psicologia e a igreja] (Cambridge, UK: Cambridge University Press, 2012), caps. 7 e 8.
[8] Dietrich Bonhoeffer, *Vida em comunhão*, Editora Sinodal, 7. ed., 2009.

uns aos outros em extensão recíproca dentro dos vários contextos da vida da igreja, resultando em aperfeiçoamentos cognitivos e espirituais recíprocos, o que torna a vida cristã mais rica, tanto individual como coletivamente. Ou seja, a extensão recíproca resulta no surgimento de novas ideias, pensamentos, experiências, comportamentos, hábitos, atitudes e até mesmo crenças, que são mais ricas e profundas do que poderíamos conseguir como cristãos isolados. Aquilo em que nós, como indivíduos, acreditamos, aquilo que entendemos, experimentamos e fazemos a respeito de nossa fé pode e deve ser enriquecido pelos processos de extensão cognitiva social tornados possíveis na vida contínua da igreja.

Por exemplo, em nosso livro anterior, contamos a história hipotética de Sally e Phil.[9] Sally vai à igreja todos os domingos com as crianças, mas não consegue convencer Phil a comparecer. Sally afirma que ir à igreja a ajuda a se aproximar de Deus e crescer em sua fé. Phil argumenta que ele pode estar perto de Deus caminhando sozinho nas montanhas todos os domingos. Como Sally tem uma compreensão limitada do que seu envolvimento com a igreja lhe proporciona, ela só consegue expressar alguns benefícios secundários da igreja voltados ao indivíduo. Sally afirma que vai à igreja para se sentir próxima de Deus e aprender sobre ele, ou seja, para obter conhecimento e experiência pessoal. Seu marido diz que pode ter as mesmas experiências e o mesmo conhecimento de Deus caminhando pela floresta. Sem um conceito da possibilidade (realizada ou não em sua igreja particular) de se tornar estendida a uma vida cristã ampliada, constituída por sua igreja, ela fracassa em sua tentativa de convencer seu marido de que a participação na vida de uma congregação pode ser de maior valor do que experiências privadas que envolvem sentir Deus na natureza.

É importante notar que a extensão social raramente acontece se a igreja for meramente uma "associação frouxa de pessoas independentemente espirituais" (um descritor aplicável a muitas igrejas).[10] A extensão e a formação social profundas não acontecerão apenas se ficarmos sentados

---

[9] Brown; Strawn, *The Physical Nature of Christian Life* [A natureza física da vida cristã], p. 105.
[10] Essa descrição de muitas igrejas foi cunhada por Brown e Strawn, *The Physical Nature of Christian Life* [A natureza física da vida cristã], p. 157.

próximos uns dos outros nos cultos semanais da igreja por uma ou duas horas por semana. Não temos dúvida de que algo ocorrerá por meio dessas práticas. No entanto, em si mesmas, essas práticas de culto individualizado normalmente equivalem a formas menos robustas de formação cristã. Os congregados devem ser intencionais em sua disposição de se envolver e responder uns aos outros, para que ocorra o tipo de acoplamento *soft* com os outros, o tipo que resulta em redes dinâmicas de vida cristã estendida. Para que uma vida cristã abundante aconteça, é necessário haver *fidelidade* ao chamado de Deus dentro da vida congregacional de uma igreja, em oposição a uma piedade *pessoal individual*.

No caso do acoplamento *soft* com ferramentas e outros artefatos que descrevemos anteriormente, há um objeto (por exemplo, um martelo) e um sujeito (por exemplo, um carpinteiro). A extensão social é, obviamente, diferente, por ser inerente e mais profundamente recíproca devido aos *loops* de ação e *feedback* que fluem entre duas ou mais mentes. Assim, os benefícios de elevação mútua fluem em ambas as direções — ou, dentro de um grupo, em todas as direções. No entanto, embora *recíprocos*, os benefícios e o grau de enriquecimento cognitivo nem sempre são necessariamente *simétricos*. Em algumas interações, os processos mentais de um indivíduo são mais enriquecidos do que o de outro. Por exemplo, quando uma pessoa ajuda seu cônjuge a avivar sua memória sobre uma pessoa, um evento ou uma data, os benefícios são assimétricos — a memória de uma pessoa é mais enriquecida do que a da outra. Dentro das redes cristãs de engajamento recíproco, devemos estar dispostos a nos envolver em interações assimétricas no que diz respeito ao fortalecimento da vida cristã. Às vezes, o acoplamento interativo é principalmente para o benefício do outro (pelo menos, em determinado momento), enquanto outras vezes o benefício é mais para você e menos para o outro. Pessoas diferentes, e indivíduos específicos em momentos diferentes de suas vidas, têm coisas diferentes com que contribuir. No entanto, todas as partes do corpo são essenciais e, como Paulo ensina: "Pelo contrário, os membros do corpo que parecem ser mais fracos são necessários, e os que nos parecem menos dignos no corpo, a estes damos muito maior honra" (1 Coríntios 12:22-23, NAA).

Até agora, nossa discussão tem enfatizado o enriquecimento que ocorre na vida cristã individual por meio da participação na vida de uma comunidade da igreja. Há outro aspecto desse enriquecimento que vale a pena observar (e ao qual retornaremos mais tarde). Ou seja, ao trabalharmos juntos como um grupo, existem propriedades do grupo como um todo que emergem. Normalmente, essas propriedades emergentes são mais eficazes numa atividade do que a soma dos resultados dos mesmos indivíduos agindo de forma independente.

Notamos em nosso prólogo, e é importante observar novamente, que a extensão cognitiva recíproca e social, mesmo dentro da igreja, não melhora necessariamente apenas o que é benéfico, bom ou intrinsecamente cristão. O que é amplificado pode ser neutro, trivial, prejudicial ou talvez (lamentável numa igreja) anticristão. O enriquecimento cognitivo é um processo, não um conteúdo ou um resultado final. Por exemplo, Robert Bellah e seus colegas, em seu livro *Habits of the Heart* [Hábitos do coração], defenderam que grande parte da vida americana moderna é organizada em torno de "enclaves de estilo de vida".[11] Sem dúvida, os inter-relacionamentos nesses grupos sociais envolvem formas de extensão cognitiva, mas principalmente quando dizem respeito às preferências de entretenimento. Na igreja, o que é expandido pode ser mais sobre preferências de estilo de vida, ou compromissos políticos, do que aquilo que é particular e essencial para a vida cristã.

Assim, é importante ter em mente *o quê*, *o onde*, *o como* e *o quando* da extensão da vida dentro de uma congregação. Embora, como Bolsinger observa: "É preciso haver uma igreja para edificar um cristão",[12] a natureza da formação que uma igreja engendra em seus membros depende muito do tipo de narrativa existente no cerne da vida da igreja em particular. *O quê*, *o onde*, *o como* e *o quando* da vida cristã são estabelecidos (para o bem ou para o mal) nas liturgias e práticas da igreja. Vamos nos voltar primeiro para as liturgias e, em seguida, para as práticas mais amplas da igreja, as quais fornecem oportunidades para estender a vida cristã.

---

[11] Robert Bellah; Richard Madsen; William M. Sullivan; Ann Swidler; Steven M. Tipton, *Habits of the Heart: Individualism and Commitments in American Life* [Hábitos do coração: individualismo e compromissos na vida americana] (Nova York: Harper & Row, 1985), p. 71.
[12] Tod E. Bolsinger, *It Takes a Church to Raise a Christian: How the Community of God Transforms Lives* [É preciso haver uma igreja para criar um cristão: como a comunidade de Deus transforma vidas] (Grand Rapids: Brazos Press, 2004).

EXTENSÃO EM LITURGIAS DE CULTO

O principal evento da vida de uma congregação é, obviamente, o culto. As liturgias compartilhadas de oração, leitura da Escritura, cânticos de louvor, Eucaristia e pregação fornecem oportunidades para extensão a um espaço cognitivo e espiritual corporativo. Embora os eventos de culto sejam, em maior ou menor grau, prescritos em uma liturgia, podem oferecer a oportunidade de se engajar (acoplar-se) a uma ampla rede de interatividade congregacional. Elementos de adoração ativamente engajados em uníssono por um grupo de pessoas constituem extensões em algo maior do que o adorador individual. Pessoas que genuinamente se engajam em (acoplam-se à) adoração corporativa estendem suas mentes e vidas cristãs para fora de si mesmas no espaço interativo de culto. O envolvimento nas liturgias de adoração corporativa também estende o indivíduo às "instituições mentais" da fé cristã, ou seja, às expressões acumuladas pela igreja ao longo de muitos séculos.

No capítulo 4, falamos sobre um martelo como uma oportunidade de extensão física. Entretanto, atentamos para a diferença entre o acoplamento *soft* e o simples manuseio de um martelo. Se alguém simplesmente carrega um martelo de um lugar para outro, nenhum acoplamento ou extensão ocorre. Mas, se alguém começa a pregar um prego com o martelo, o martelo logo se torna uma parte estendida do corpo, transparente em sua contribuição para a atividade direcionada ao objetivo (em maior ou menor grau, dependendo da experiência de martelar da pessoa). Da mesma forma, o envolvimento no culto pode constituir extensão e acoplamento genuínos quando estamos interativamente engajados nos (estendidos aos) eventos de adoração. Alternativamente, se alguém vai à igreja apenas para assistir e ouvir (ou assiste a um culto de adoração na televisão) sem realmente se tornar interativamente engajado, há pouca ou nenhuma edificação na vida cristã. Talvez, ao observar e ouvir, possamos captar um ou dois elementos úteis para nossa vida e para nosso pensamento individuais — o que não é inútil, mas apenas relativamente insignificante.

Parece que o movimento de extensão no culto (ou qualquer outro objeto ou interação social) deve envolver um ato da vontade, mesmo que seja um ato inconsciente. A mera presença de um objeto ou de uma situação social que oferece a possibilidade de extensão não dá origem, automaticamente, ao tipo de interatividade que constituiria o acoplamento *soft*, a extensão cognitiva e a edificação. Deve haver um movimento por parte do indivíduo para se engajar na oportunidade. Da mesma forma, deve haver um movimento recíproco por parte de outros membros da comunidade para envolver o indivíduo. Woody Allen errou ao dizer: "Aparecer é 80% da vida".[13] Apenas aparecer é insuficiente.

Ao pensar na possibilidade de extensão e edificação por meio do culto corporativo, é instrutivo considerar mais especificamente os vários elementos em uma liturgia de culto típica.

Oração. A oração individual é uma prática poderosa na qual um cristão pode sentir a presença de Deus, expressar preocupação, interceder em nome de outros, receber uma palavra de Deus e até mesmo experimentar uma transformação. (Discutiremos no próximo capítulo o grau em que a oração devocional privada não é inteiramente compreensível como um evento privado e individual.) Mas, na oração corporativa, ou seja, na oração com outras pessoas, pode ocorrer um acoplamento *soft* interativo que estende o alcance e o poder da oração individual. A oração coletiva se torna uma ocasião para extensão da oração individual a uma esfera comum de preocupações, petições e ações de graças. As orações corporativas são maiores do que nossas preocupações individuais, concentrando-se em aspectos merecedores de oração, que podem não nos ocorrer se deixados apenas para nós, ou se são orados de uma forma que amplia nossa perspectiva. Um de nós (Brad), em seu papel como pastor de ensino em sua igreja, conduz regularmente a "oração congregacional corporativa" como parte do culto dominical. Brad ora propositalmente por aqueles que sofrem de doenças físicas (uma prática corporativa comum), bem como por aqueles que sofrem de doenças mentais (uma prática incomum). Ao fazer isso, a doença mental é trazida à mente dos fiéis, que normalmente não pensariam nisso — estendendo, assim, sua perspectiva. Igualmente poderosos em estender a oração a todo o espaço corporativo, são os momentos em que os congregantes podem dar voz audível às orações, expandindo

---

[13] Conforme citado em Fred R. Shapiro, *The Yale Book of Quotations* [O livro de citações de Yale] (New Haven, CT: Yale University Press, 2006), p. 17.

grandemente o campo de consciência congregacional e a intenção em oração a que cada um se estende.

Romanos 8:26 diz que, quando não sabemos a respeito do que devemos orar, o Espírito intercede por nós por meio de gemidos inexprimíveis. De maneira semelhante, na oração corporativa, a igreja ora por nós quando não sabemos o que ou mesmo como orar. De fato, pode ser que a natureza extensa e recíproca da oração comunitária crie as próprias condições segundo as quais o Espírito intercede em nosso favor.

Particularmente poderosa do ponto de vista da extensão cognitiva é a oração em pequenos grupos. Aqui, as orações são tipicamente expressas por cada membro de forma interativa. As intenções levantadas nas orações de um são reafirmadas por outro e frequentemente reformuladas de acordo com sua perspectiva. Durante essas redes acopladas de oração, muitas vezes há a experiência palpável de engajamento com os outros, muito semelhante à nossa descrição anterior da experiência subjetiva de momentos de engajamento com outros em diálogo. Há também a compreensão de participar de uma forma de oração que está além das capacidades de um único indivíduo. O Espírito de Deus é experimentado de forma mais aguda na oração "onde estiverem dois ou três reunidos" (Mateus 18:20, NAA).

A oração corporativa enquanto extensão e acoplamento *soft* tem outra função importante. Dado que, como argumentamos, o conhecimento de si mesmo é o resultado de estar inserido nas redes de outras pessoas, é significativo e formativo ouvir outras pessoas orando por nós e conosco. Mesmo além do que Deus pode ou não fazer por meio das orações da igreja, há algo poderoso em saber que outros estão orando por mim ou, pelo menos, estão se lembrando de mim. De importância crucial é também o sentimento simples, mas profundo, de cuidado experimentado quando uma pessoa está ciente de que oraram por ela. Orar em privado pela própria cura é bem diferente de participar de uma liturgia corporativa de cura, ajoelhando-se em um altar, orando publicamente e, talvez, sendo ungido com óleo.

Outro importante resultado da oração corporativa é que essas orações servem como lembretes para o grupo de necessidades pessoais, o que, então, pode levar a ações que vão diretamente ao encontro de uma necessidade expressa. Por exemplo, orações por uma pessoa doente podem levar a uma ajuda com alimentação, visitas a hospitais ou chamadas telefônicas.

Embora o Espírito Santo não possa ser reduzido simplesmente à ação humana, o Espírito trabalha de maneira robusta através das formas mediadas de intervenção do povo de Deus. O Espírito de Deus opera em e por meio da extensão interativa e do acoplamento *soft* que constitui a vida de um corpo eclesial.[14] O título de um livro de Claiborne e Wilson-Hartgrove capta, de maneira pungente, esse componente de extensão social da oração: *Becoming the Answer to Our Prayers* [Tornando-nos a resposta às nossas orações].[15] Eles se referem ao fato de que, em uma congregação suficientemente estendida e interativa, o corpo será ativado para se engajar no atendimento às necessidades concretas que foram expressas em oração.

Aqui estão alguns outros exemplos de como promover, mais explicitamente, a oração como corporativa e estendida. Primeiro, orando em voz alta com outros cristãos. No meu grupo pequeno (de Brad), nossas orações proferidas uns pelos outros são frequentemente seguidas por mensagens de texto ao longo da semana, perguntando como estão as coisas ou oferecendo ajuda concreta em relação a essas orações. Outra maneira pela qual a oração pode ser intensificada pela extensão em um grupo é incorporando práticas frequentemente usadas na direção espiritual do grupo. Em um pequeno grupo, cada um compartilha suas preocupações e, em seguida, ora em silêncio, esperando e ouvindo uma palavra de Deus em nome do outro. Compartilhar essas palavras estende a escuta individual a um espaço comum mais robusto. Terceiro, alguns de nós se lembram de quando costumávamos falar de "guerreiros da oração". Eram pessoas conhecidas por orar com frequência e fervor, pessoas com quem você poderia compartilhar suas intenções de oração, sabendo que essas intenções seriam elevadas em oração por elas, de forma consistente.

Formas de oração corporativa abrem o potencial para a oração ser ampliada por extensão ao corpo maior de fiéis. Em contraste, esse potencial pode ser sufocado por uma visão individualista da oração, que surge de uma narrativa cultural que incentiva a privacidade, recompensa o heroísmo autônomo na vida cristã e degrada o valor da vulnerabilidade.

---

[14] Falaremos sobre as questões de transcendência e imanência de Deus no capítulo 9.
[15] Shane Claiborne; Jonathan Wilson-Hartgrove, *Becoming the Answer to Our Prayers: Prayers for Ordinary Radicals* [Tornando-nos a resposta às nossas orações: orações para radicais comuns] (Downers Grove, IL: InterVarsity Press, 2008).

A oração corporativa, portanto, nunca deve ser simplesmente uma vinheta que adicionamos no início e no final de nossas reuniões, visto que tem tanto potencial para a edificação da vida cristã como meio de extensão ao corpo integral de membros. Como já observado, o tipo de extensão que leva a uma incorporação significativa e profunda só pode acontecer quando se passa um tempo considerável juntos. Uma experiência isolada de oração é como um jogador de golfe de fim de semana empunhando um taco de golfe. A extensão mais profunda de uma comunidade verdadeiramente incorporada e integrada, em que seus membros passam um tempo considerável juntos em oração, é mais como um jogador de golfe profissional incorporando um clube.

Lendo as Escrituras. Ler as Escrituras no culto é semelhante à oração corporativa. Na leitura corporativa, estendemos nosso pensamento ao texto da palavra escrita de uma forma mais robusta. (No capítulo 8, vamos considerar a Bíblia e outros escritos cristãos parte das "instituições mentais" da vida cristã.) Ouvir uma passagem lida em voz alta por outra pessoa é qualitativamente diferente de ler a mesma passagem no espaço interior de nossas mentes individuais. Leitores diferentes enfatizarão frases e palavras diferentemente de nós. Mais importante ainda, ao ouvir as Escrituras lidas em um culto, estamos nos estendendo ao contexto semântico e ao espaço social da leitura congregacional. Ao ouvir a Escritura, estamos cientes do contexto fornecido pelo leitor e por outros presentes na congregação. Consequentemente, usamos a passagem de maneira diferente do que faríamos quando a lemos por conta própria. O mero ato de lermos juntos em voz alta confere ao texto um significado novo e, frequentemente, realçado. Uma coisa é ler sozinho sobre ajudar seu próximo; outra coisa bem diferente é ler a mesma passagem sentado ao lado de seu próximo congregacional que recentemente perdeu o emprego. A leitura corporativa também envolve a igreja como um sistema, moldando as propriedades e características do corpo como um todo, tanto no que diz respeito à sua vida comunitária como ao seu impacto na comunidade. Na década de 1960, Marshall McLuhan tornou-se famoso pela frase "o meio é a mensagem".[16] No con-

---

[16] Marshall McLuhan, *Understanding Media: The Extensions of Man* [Entendendo a mídia: as extensões do homem] (Cambridge, MA: MIT Press, 1994).

texto da leitura corporativa das Escrituras, o meio de ler juntos cria uma forma única de intensificação da mensagem, em que o meio corporativo se torna parte da mensagem.

Em uma igreja que frequentamos, a congregação era composta de uma mistura de pessoas ricas, pessoas de renda média e pessoas pobres. Uma semana, em uma classe de escola dominical, estávamos lendo uma passagem da Bíblia sobre o pobre. Uma mensagem muito mais profunda e enriquecedora emergiu quando os indivíduos da classe compartilharam sobre como a passagem os atingira a partir de sua posição social particular. O meio corporativo de ler uma passagem sobre ricos e pobres, e suas responsabilidades uns com os outros, ganhou vida de maneiras que não seriam possíveis se a sala estivesse cheia apenas de indivíduos ricos ou se a leitura tivesse sido feita em particular. O que foi aprendido na leitura foi enriquecido pela oportunidade de estender o pensamento ao contexto representado pelas outras pessoas na sala.

Cantando. A música e o canto têm grande poder de mover indivíduos e grupos de maneiras que transcendem o intelecto para incluir mais intensamente imagens, sentimentos, apreciações e motivações. Assim, sob a perspectiva da cognição estendida, cantar coletivamente oferece outra forma de acoplamento *soft* com uma congregação em práticas que podem elevar a experiência da vida cristã. Para que o canto crie um acoplamento *soft* genuíno na expressão congregacional, os indivíduos precisam estar conectados uns com os outros vocalmente e ouvindo os outros cantando, o que permite um senso mais profundo de interação e reciprocidade. Entretanto, o canto na igreja às vezes pode concentrar-se em alguns líderes na frente, envolvendo poderosos sistemas de amplificação, que abafam nossas próprias vozes e o canto de nosso próximo. Essa forma de canto ocorre frequentemente com iluminação escura, o que pode fazer com que as pessoas se sintam isoladas e sozinhas. Essa forma de canto congregacional pode deixar os congregantes com nada mais do que experiências emocionais particulares e individuais, que são tênues e fracas no que diz respeito à edificação da vida espiritual, pois há pouca experiência de juntar-se (acoplamento *soft*) a um corpo congregacional de cantores.

Parte do valor estético da música são as emoções evocadas. No entanto, como argumentamos no capítulo 3, as emoções não são índices do estado interno de indivíduos isolados, mas pistas do estado das relações comportamentais/intencionais com nosso meio ambiente — mais particularmente, da sintonia de nós mesmos com nosso contexto social. Esses contextos podem ser imaginados ou fazer parte do ambiente imediato, mas, seja como for, não devem ser interpretados como pura manifestação de um estado exclusivamente interno e isolado. É claro que nos sintonizamos emocionalmente de maneiras particulares, dependendo de certos aspectos da própria música (ritmo, tom maior ou menor, letra etc.), mas as emoções são reflexos da sintonia com o contexto social. Assim, nos cânticos de louvor é oferecida a possibilidade de uma forte sintonia emocional com outras pessoas da congregação com quem estamos cantando. A sintonia emocional coletiva na música implica uma coerência de nossas intenções comportamentais, pelo menos durante o momento musical, tornando-se um meio de reforçar uma rica rede interativa de extensão capaz de edificar a vida cristã.

Alguns cristãos dizem preferir uma iluminação fraca durante a adoração musical porque faz com que o ambiente desapareça, permitindo, assim, que eles se concentrem em seu relacionamento com Cristo. Mas chega-se melhor a esse relacionamento pessoal com Jesus através de um evento interno e privado ou de uma convivência mais bem compreendida e vivenciada no relacionamento com outros cristãos? Nossa preocupação é que essa forma de adoração, que desvia nossos olhos do amor de Deus (que habita o mundo fora de nós) e do amor ao próximo (aqueles que estão imediatamente ao nosso redor dentro da congregação) pode degenerar em individualismo e emocionalismo. Jesus disse que todos saberão que somos seus seguidores por nosso amor uns pelos outros (João 13:35), não pela natureza de nossas experiências afetivas privadas. Além disso, os adoradores que sentem que estão vivenciando o momento em algum espaço interno e privado podem estar perdendo de vista o fato de que estão profundamente envolvidos em um ato de extensão. O que é experimentado como um "espaço privado" passa a existir, e continua a existir, como uma manifestação da vida de adoração da igreja.

Não é apenas o que fazemos, mas a forma como fazemos, que move algo para dentro e para fora do campo de extensão cognitiva social. Para um acoplamento *soft* na rede interativa envolvida em cantar juntos, é preciso ser capaz de ver e ouvir meu vizinho cantar comigo — estar ciente da pessoa com quem estou cantando. Isso permite que a música e as palavras se tornem uma expressão de grupo de uma rede extensa de pessoas. Pense na diferença entre ouvir uma apresentação em um teatro escuro ou cantar junto com uma gravação do *Messias* de Handel em casa, em comparação a cantar com uma grande congregação uma cantata de *Messias* de Natal. Há uma extensão da mensagem e do sentimento da música quando você se junta a um público inteiro cantando junto. Ou pense em como os cinemas modernos começaram a exibir musicais com a letra das canções na tela e a convidar os espectadores a comparecerem fantasiados e cantarem juntos — por exemplo, um musical tipo *Sound of Music* [O som da música].

Embora cantar tenha poderes únicos de unir as pessoas em um corpo, esses poderes não devem ser subjugados pelo domínio da qualidade da produção ou do volume da música. O objetivo deve ser a participação e a conectividade da congregação, independentemente de acompanhamento. Talvez as tradições que não permitem instrumentos musicais no culto tenham em mente algo importante sobre o propósito da música na igreja. Também existe um poder único na música escrita especificamente para determinada congregação. Os sermões são escritos para determinado corpo, e a música também pode ser escrita para uma congregação específica.[17] Embora nem todas as congregações tenham músicos capazes de escrever músicas, a maioria pode selecionar cuidadosamente as músicas que estendem a experiência de adoração de maneiras específicas em relação ao contexto da congregação. Algumas maneiras simples de aumentar a conexão por meio do canto consistem em escolher canções com pronomes no plural, selecionar canções que tenham pontos de contato com as várias gerações na congregação e considerar a música que ressoa com o tema da liturgia do dia.

Ouvindo a pregação. Existem diferenças significativas entre as tradições denominacionais quanto à ênfase colocada na pregação, mas, na maioria dos casos, esse é um aspecto importante do culto. É útil considerar a

---

[17] Agradecemos ao nosso colega Kutter Callaway por essa útil sugestão.

forma como a extensão cognitiva na pregação pode edificar a vida cristã dos congregados. Bolsinger argumenta que "a pregação deve ser entendida como um ato da comunidade".[18] O momento da pregação pode ser de extensão, ou não, com base na forma como o pregador e os fiéis participam desse momento.

Para que a pregação edifique a vida da congregação, o pregador deve, primeiro, lembrar que está pregando para um povo reunido, e não para um grupo de indivíduos vagamente associados. Estudiosos da Bíblia têm nos lembrado consistentemente, por exemplo, que, nas epístolas paulinas, onde [o texto de] Paulo é traduzido como "você", na maioria das vezes deveria ser lido como "vocês". Uma leitura errada individualista ("você" no singular) tem como consequência entender que Paulo se dirige a indivíduos (como eu), e não a congregações (como nós). Pregar para um povo convida a congregação a ouvir e entender a si mesma como um corpo, e não como meros indivíduos recebendo uma mensagem particular de Deus. Assim, os congregantes que genuinamente celebram o momento da pregação fazem isso juntos como um corpo — uma rede de mentes em acoplamento *soft* e, portanto, estendidas —, com a consciência de si mesmos como parte de um corpo congregacional.[19] Assim, quando tudo vai bem na pregação, Deus está falando à igreja, e não apenas a indivíduos. Isso significa que a pregação está sempre situada no tempo e no lugar. A pregação é para determinado grupo em determinado momento. Como diz Bolsinger, "pregar é sempre uma 'conversa local' sobre coisas divinas".[20]

Consequentemente, os pregadores não podem se contentar em apenas fornecer recursos para a espiritualidade individual e privada; nem pregar para garantir que os leigos tenham seus dogmas teológicos bem arrumadinhos. Um sermão deve ser um convite para que esse povo, neste tempo, envolva-se em contextos e oportunidades particulares para a expansão da vida espiritual através da extensão congregacional na obra do reino de Deus. Com frequência, ouvimos membros de igreja reclamar que muitos

---

[18] Bolsinger, *It Takes a Church to Raise a Christian* [É preciso haver uma igreja para criar um cristão], p. 98.
[19] Em *The Physical Nature of Christian Life* [A natureza física da vida cristã], p. 123-39, argumentamos anteriormente que uma igreja que estabeleceu uma vida significativamente interconectada tornou-se um corpo genuíno, no sentido de que se tornou um sistema dinâmico.
[20] Bolsinger, *It Takes a Church to Raise a Christian* [É preciso haver uma igreja para criar um cristão], p. 100.

sermões os deixam pensando: *"e daí?"* — achamos que é uma pergunta muito boa a respeito de uma pregação que não promove a extensão da vida cristã do indivíduo para domínios mais ricos de amor no corpo interconectado e de amor pelo mundo.

A pregação narrativa capitaliza a tendência humana de se engajar em simulações mentais de histórias que são lidas ou ouvidas.[21] Tal pregação é uma forma importante de promover a extensão cognitiva dos pensamentos dos ouvintes para o mundo da história, na medida em que simula os eventos da narrativa com imaginação. Tais sermões provavelmente impactarão os congregantes mais profundamente do que os sermões que apenas contam com a disseminação de crenças proposicionais ou sermões que enfocam a estímulo de experiências afetivas. Pense na diferença entre um sermão que consiste em cinco pontos principais que podem ser colocados na pasta de cultos, todos começando com a letra *p, versus* um sermão que reconta e revela o significado de uma narrativa bíblica, talvez até mesmo usando imagens[22] para realçar a capacidade do ouvinte de se estender à história. Provavelmente, esta última mensagem será mais impactante.[23]

Sendo enviado. Na maioria dos cultos de adoração cristãos, existe o que é comumente chamado de bênção final. Em algumas igrejas, isso é promulgado como um tipo de bênção, em que os fiéis têm a garantia do amor, do cuidado e da fidelidade de Deus para com eles, como indivíduos, durante a semana — até o próximo domingo, quando, então, eles voltam para receber outra dose de reforço de bênção espiritual pessoal. Na verdade, uma bênção significa enviar a igreja para a obra de Deus. É o momento da experiência litúrgica em que a comunidade é enviada de volta ao mundo para viver o amor de Cristo, tanto por aqueles que o conhecem como por aqueles que ainda não o conhecem. O teólogo Brent Pederson expressa da seguinte forma:

---

[21] Há várias pessoas que escreveram sobre a pregação narrativa, mas sugerimos, de Eugene Lowry, *The Homiletic Plot: The Sermon as Narrative Art Form* [O enredo homilético: o sermão como forma de arte narrativa] (Louisville, KY: Westminster John Knox, 2001).
[22] Peter Jonker, *Preaching in Pictures: Using Images for Sermons that Connect* [Pregação com imagens: usando imagens para sermões que conectam] (Nashville: Abingdon Press, 2015).
[23] Também discutimos a natureza de formação das narrativas em *The Physical Nature of Christian Life* [A natureza física da vida cristã], p. 118-20.

Então o Espírito de Deus reúne e sopra sobre a igreja para encontrar Jesus Cristo. (...) Quando a igreja encontra Cristo e se oferece com Cristo na oferta e na mesa da Eucaristia, renova-se como corpo de Cristo. Nessa renovação como corpo de Cristo, a igreja é enviada e soprada, pelo e com o Espírito, para continuar o ministério da encarnação.[24]

Assim, esse momento de envio deve ser experimentado como uma comissão a todo o corpo para participar da obra de Deus no mundo — participação que pode ser expandida quando os congregados são, regular e frequentemente, acoplados em redes interativas que resultam em um trabalho que está além do que é concebível para cristãos isolados e que agem de forma independente.

EXTENSÃO E AS PRÁTICAS DA IGREJA NO MUNDO

Além dos eventos de culto corporativo nas manhãs de domingo, temos as práticas cultuais mais amplas da igreja — isto é, as maneiras pelas quais a comunidade se engaja nas práticas da vida cristã. Assim, o envio da congregação no final do culto corporativo não deve ser visto como o envio de indivíduos para uma vida cristã isolada (sem extensão). Ao contrário, o trabalho dos cristãos no mundo deve ser entendido como práticas corporativas que são realizadas por todo o corpo e que, portanto, se beneficiam de acoplamento *soft* e extensão interativos.

O filósofo Alasdair MacIntyre descreve proficientemente a natureza geral das práticas em seu livro *After Virtue* [Depois da virtude].[25] Para MacIntyre, uma prática é fazer algo dentro de um domínio da vida que requer algum grau de habilidade e entendimento qualificados. Assim, comunidades de prática envolvem professores e alunos, com os indivíduos desempenhando ambos os papéis em momentos distintos. Podemos acomodar o conceito de prática, de MacIntyre, dentro do nosso entendimento do processo de extensão da mente e de ação por meio de acoplamento *soft*.

---

[24] Brent Pederson, *Created to Worship: God's Invitation to Become Fully Human* [Criado para adorar: o convite de Deus para se tornar totalmente humano] (Kansas City, MO: Beacon Hill Press, 2012), p. 43-44.
[25] Alasdair MacIntyre, *After Virtue*, 2. ed. (Notre Dame: University of Notre Dame Press, 1981) [Ed. Bras.: *Depois da virtude: um estudo em teoria moral*. São Paulo, SP: EDUSC, 2001].

Uma comunidade de prática eficaz se organizará de maneiras que permitam que cada participante estenda (e, portanto, expanda) sua própria contribuição, acessando as habilidades e o conhecimento de outros por meio de uma rede de acoplamento *soft* recíproco e interativo. Obviamente, esse não é um tipo de experiência isolada, mas um processo — a própria palavra "prática" implica tempo e intensidade de interação.

Há, pelo menos, três maneiras principais pelas quais o trabalho da igreja no mundo pode beneficiar-se ao funcionar como redes de extensão cognitiva e comportamental. Em primeiro lugar, boa parte do que a igreja precisa fazer para impactar a comunidade ao seu redor se realiza, de maneira mais eficaz, como trabalho compartilhado. Na maioria dos casos, o trabalho é mais bem concebido, e tem resultado e qualidade melhores, quando feito em grupo.

No final do século 18, o teólogo Friedrich Schleiermacher escreveu sobre como seria possível fortalecer o papel da igreja no cuidado dos pobres.[26] Ele primeiro observou que, em uma sociedade civil, aqueles que florescem dentro do ambiente cultural e econômico devem ajudar aqueles que estão enfraquecidos por esse mesmo ambiente. No entanto, o problema, como Schleiermacher o via, era que a contemplação do privilégio econômico imerecido de alguém não estimula, na maior parte das pessoas, sentimentos e motivações que sejam suficientes para alimentar uma ação benevolente significativa. Além disso, as tentativas individuais de ajudar os pobres normalmente não se mostram muito eficazes e, portanto, não rendem recompensas e satisfações suficientemente fortes para sustentar a ação. Em contraste, quando a igreja atua como um corpo em nome dos pobres, a multiplicidade dos atos de compaixão que podem ocorrer em um grupo ajuda os desprivilegiados de forma mais significativa. A eficácia das ações de cada pessoa é potencializada quando estendida por atos corporativos de benevolência. Além do mais (e aqui estava o ponto crítico de Schleiermacher), a ação dentro de um grupo fortalecerá a intensidade das motivações e dos sentimentos benevolentes de cada indivíduo dentro do grupo, aumentando, assim, a probabilidade de novas ações.

---

[26] Friedrich Schleiermacher, citado em Michael Welker, "We Live Deeper than We Think: The Genius of Schleiermacher's Earliest Ethics", *Theology Today* 56 (1999): 169-79.

Uma segunda maneira de o trabalho dos cristãos no mundo se beneficiar da extensão é que, na maioria dos casos, o que parecem ser as realizações de indivíduos são, na realidade, o produto da imaginação acerca das possibilidades que foram formadas por algum corpo maior dentro da igreja. A perspectiva estendida adquirida na vida congregacional transborda para o trabalho que parece (enganosamente) ser de um único indivíduo.

Assim, podem (devem) emergir coisas na vida congregacional que simplesmente não podem ser atribuídas, individualmente, aos seus membros. Considere o exemplo de uma congregação no sul da Califórnia a respeito do processo de se tornar coletivamente interessada em questões de justiça relacionadas à imigração, e o consequente efeito sobre os indivíduos. No início, a imigração não era um tópico no topo da lista de prioridades para a maioria dos membros, nem representava uma preocupação congregacional geral. No entanto, a interação com indivíduos sem documentos na vizinhança deu início a conversas que levaram a uma leitura coletiva das Escrituras no contexto de questões de justiça e hospitalidade para com estrangeiros. Consequentemente, um grupo da igreja começou a se envolver ativamente com pessoas da vizinhança que haviam imigrado de outras partes do mundo. Essa atividade incluiu o desenvolvimento de um programa de trabalho com esses indivíduos com relação ao seu *status* legal. A interatividade congregacional e a extensão social cognitiva em torno dessa questão fomentaram a sensibilidade e a atividade nos indivíduos da congregação, que provavelmente não se teriam manifestado em indivíduos sem o benefício do envolvimento em um corpo, desenvolvendo uma compreensão particular de justiça e hospitalidade cristãs. O pensamento, os sentimentos e as ações cristãos foram estimulados (expandidos) dentro da rede interativa de extensão cognitiva recíproca que é a congregação. Assim, a extensão cognitiva nos ensina uma razão muito importante pela qual o individualismo na vida cristã está destinado a ser insignificante, ou seja, desprovido das possibilidades de edificação por meio de interações dentro da vida de uma congregação.

Ainda assim, ações individuais podem ser significativamente cercadas e apoiadas por relacionamentos congregacionais. Dentro de uma igreja que conhecemos, existe uma preocupação considerável com as pessoas da comunidade que vivem em condições extremas — por exemplo, famílias com crianças que ficaram sem teto devido à perda de trabalho e renda. Boa parte dessa sensibilidade é alimentada pelo envolvimento significativo com famílias cujos filhos frequentam uma escola primária próxima, também frequentada por crianças da igreja. Em um dos casos, uma família com vários filhos havia acolhido, por conta própria, uma mãe e seus filhos, que haviam ficado sem um teto para morar. Eles se dispuseram a isso porque estava claro que não o estavam fazendo por conta própria; era a igreja que "lhes dava suporte". Com o tempo, isso passou a representar um fardo para a família hospedeira, e a família hospedada precisava de uma solução mais permanente. A igreja interveio, trabalhando duro para encontrar uma moradia alternativa. Claramente, o que parecia ser possível fazer a uma família sem-teto foi expandido por sistemas de apoio dentro da congregação.

Por fim, é o compartilhamento de histórias de obras aparentemente individuais para a congregação que estende a imaginação de todos para além do que cada pessoa poderia ter pensado ser possível em suas próprias vidas. O que pode ser imaginado é amplificado quando os congregantes consideram que não estão agindo meramente como indivíduos isolados. Dessa forma, uma imaginação acerca de possibilidades é experimentada nas histórias da igreja, tornando-se a base para ações que vão além da vida e dos programas específicos da igreja (mas ações em que a igreja pode servir como um apoio importante), e é então reconduzida à vida da congregação por meio dessas histórias.

COESÃO DE GRUPO E EXPANSÃO

Coesão de grupo é uma variável importante que afeta o grau de avanço do que é realizado nesses grupos de trabalho e seu impacto na vida cristã individual. Irvin Yalom, um conhecido autor sobre o tópico da terapia de grupo, não usa a linguagem de extensão cognitiva, mas sua compreensão da coesão de grupo encontraria grande ressonância nas noções de acoplamento *soft* reciprocamente interativo de indivíduos dentro de um grupo. A coesão de grupo é definida por Yalom como "o resultado de todas as forças que agem sobre todos os membros para permanecerem no grupo" e "a atratividade de um grupo para seus membros".[27] Quanto maior for a coesão de um grupo, mais provável é que esse grupo permaneça unido, com maior intensidade os membros serão atraídos uns pelos outros, mais provável é que defendam o grupo e uns aos outros, mais vulneráveis ficam uns com os outros e mais internalizam o grupo (ou seja, o grupo se torna parte do "coro interno" de cada membro). A coesão do grupo é sentida como uma espécie de "grupalidade".[28]

O mais importante para nossa discussão aqui é que Yalom acredita que, sem a coesão de grupo, os fatores terapêuticos das interações de grupo (intensificadores da cognição) não têm como emergir. Um dos fatores críticos que podem resultar da coesão é o que Yalom chama de "altruísmo". Ele começa a definir o altruísmo contando a seguinte história:

> Há uma velha história hassídica de um rabino que teve uma conversa com o Senhor sobre o céu e o inferno. "Eu vou lhe mostrar o inferno", disse o Senhor, e conduziu o rabino a uma sala no meio da qual havia uma grande mesa redonda. As pessoas ali sentadas estavam famintas e desesperadas. No meio da mesa, havia uma panela enorme de ensopado, mais do que suficiente para todos. O aroma do ensopado era delicioso e dava água na boca do rabino. As pessoas em volta da mesa seguravam colheres com cabos muito compridos. Cada pessoa percebia que dava para alcançar a panela para pegar uma colher de ensopado, mas, como o cabo da colher era mais longo do que o braço de qualquer pessoa, ninguém conseguia colocar a comida em sua boca. O rabino viu que o sofrimento deles era realmente terrível. "Agora vou lhe mostrar o paraíso", disse o Senhor, e eles foram para outra sala, exatamente igual à primeira. Havia a mesma grande mesa redonda e a mesma panela enorme de ensopado. As pessoas, como antes, estavam equipadas com as mesmas colheres de cabo longo — mas ali estavam bem nutridas e fartas, rindo e conversando. A princípio, o rabino não pôde entender. "É simples, mas requer alguma habilidade", disse o Senhor. "Veja, elas aprenderam a se alimentar umas às outras."[29]

---

[27] Irvin Yalom, *The Theory and Practice of Group Psychotherapy* [Teoria e prática da psicoterapia de grupo], 3. ed. (Nova York: Basic Books, 1985), p. 49.
[28] Yalom, *The Theory and Practice of Group Psychotherapy* [Teoria e prática da psicoterapia de grupo], p. 49.
[29] Ibidem, p. 13.

Yalom acredita que a maioria dos pacientes vem para a terapia de grupo desmoralizada e acreditando que não tem nada a oferecer a ninguém. Representam fardos para os outros, pois foram informados de que são "demais" ou "insuficientes". Embora, no início, os membros do grupo considerem o terapeuta o profissional pago para lhes oferecer algo, logo percebem que os outros têm coisas importantes para compartilhar com eles. Começam também a ver que cada pessoa tem algo a oferecer às outras por meio de atos altruístas. Esses atos podem incluir ouvir, dar validação emocional, oferecer apoio, confrontar carinhosamente, descobrir e ter novas experiências relacionais. E, claro, como toda boa terapia, o objetivo é que esse crescimento, que ocorre tanto por meio da experiência como do envolvimento em atos altruístas dentro do grupo, comece a se generalizar fora da terapia. A extensão dos indivíduos para fora de si mesmos, na experiência de altruísmo e coesão de grupo, é terapêutica e, em nosso contexto, intensifica e expande o que mal era possível para os membros sozinhos.

A VIDA CRISTÃ COMO UM NICHO

Outra forma de pensar a vida cristã em relação à igreja é considerá-la um nicho cognitivo-comportamental. A biologia comportamental atual concluiu que os organismos não são facilmente separados dos nichos ambientais que ocupam. A ideia é que a descrição do comportamento de determinado organismo deve incluir o nicho ambiental necessário para eliciar o comportamento do organismo. É comum que o organismo participe da criação do nicho. Por exemplo, uma aranha não pode ser facilmente separada da teia que ela constrói. A teia é uma parte essencial (uma extensão) do comportamento adaptável e inteligente desse animal. Da mesma forma, como Hutchins argumenta: "Os ambientes do pensar humano não são ambientes 'naturais' (...) Os seres humanos desenvolvem suas capacidades cognitivas criando os ambientes nos quais exercem essas capacidades".[30] Os processos cognitivos da pessoa não podem ser separados do ambiente em que ocorrem. Considere Irene, uma pessoa que está abrindo

---

[30] Hutchins, *Cognition in the Wild* [Cognição na natureza], p. 169.

um novo negócio. Progressivamente, ela vai moldando um nicho para seu trabalho e para aqueles que ela contrata para a empresa. Definitivamente, não poderíamos descrever adequadamente Irene como uma pessoa de negócios sem incluir uma descrição do nicho de negócios que ela e seus funcionários criaram.

A relação entre uma pessoa e seu nicho social é bem expressa pela psicologia na *teoria de sistemas* em psicologia. Essa teoria afirma que as pessoas não podem ser bem compreendidas sem incluir o sistema ou os sistemas que as abrangem.[31] Assim, considera-se que o comportamento, que é influenciado pelos sistemas complexos (ou nichos) aos quais as pessoas existem, manifesta "agência híbrida" — isto é, as causas e fontes de ações são atribuíveis tanto ao indivíduo como ao nicho ou sistema.[32] O sistema ou nicho mais importante que a maioria das pessoas ocupa é a família. O comportamento de um indivíduo (tanto dentro da família como em outros contextos) muitas vezes não é totalmente compreensível fora da referência à posição da pessoa, da situação e da história de interações dentro de seu sistema familiar. A maioria das pessoas não age (ou não pode agir) independentemente da influência e da limitação de seu sistema familiar. Assim, os nichos que os humanos ocupam (famílias, empregos, redes de amigos, comunidades e igrejas) são fatores significativos em seu pensamento e comportamento.

A vida cristã pode ser entendida como esse tipo de híbrido pessoa-nicho. As pessoas não agem (não podem?) como cristãs de maneira totalmente independente das influências e limitações dos sistemas que ocupam — mais particularmente, a igreja. A igreja (e seus sistemas de influência e formação) muitas vezes é o fator principal no pensamento e comportamento cristão de uma pessoa, de modo que, frequentemente, "pessoa" e "igreja" não podem ser facilmente desemaranhadas no que diz respeito à vida cristã. Alternativamente, uma pessoa que tenta viver de maneira cristã inteiramente fora de uma igreja e da vida congregacional está na

---

[31] Carlfred B. Broderick, *Understanding Family Process: Basics of Family Systems Theory* [Compreendendo o processo da família: noções básicas da teoria dos sistemas familiares] (Thousand Oaks, CA: Sage Publications, 1993).

[32] Andy Clark, *Being There: Putting Brain, Body, and World Together Again* [Estar lá: juntando o cérebro, o corpo e o mundo novamente] (Cambridge, MA: MIT Press, 1997), p. 218; e Andy Clark, *Supersizing the Mind* [Expandindo a mente], p. 50-53.

estranha posição de tentar ser cristã estando acomodada (muitas vezes, de maneira desconfortável) apenas a nichos seculares. Como já indicado, um nicho muito crítico e formativo para quase todos é a família de origem. Em alguns casos, a vida cristã da família complementa e substitui (adequada ou inadequadamente) a ausência da vida cristã estendida, disponível na igreja. Da mesma forma, a igreja, às vezes, preenche inadequações da família de origem.

Andy Clark, em seu livro *Supersizing the Mind* [Expandindo a mente], fornece uma ilustração útil de um nicho físico e social na vida humana.[33] A ilustração vem da descrição, dada por Evelyn Tribble, dos processos de produção das peças de Shakespeare no *Globe Theatre*, na Inglaterra elizabetana.[34] O problema cognitivo que Clark aponta era a produção de inúmeras peças diferentes em um curto período (até seis peças distintas em uma semana), todas usando o mesmo elenco. Como os atores sabiam o que fazer, quando e onde numa peça, em comparação com a peça da véspera ou as dos dias anteriores? Um problema, é claro, é saber os textos de cor. No entanto, outro problema é saber quando fazer o quê e onde, ou seja, conhecer a estrutura das sequências de ação na peça e como cada uma se encaixa em seu devido lugar.

A solução para esse problema não estava na cabeça dos atores, mas no *design* dos espaços e das práticas sociais do teatro, ou seja, no nicho físico e social que estendia as capacidades cognitivas dos atores. Uma propriedade física consistente desses teatros era a multiplicidade de portas para entrar e sair do palco. Perto dessas portas, havia uma grande folha que servia como manuscrito de encenação, composta por um esboço da peça, com ênfase máxima nos personagens, entradas e saídas, sons e pistas musicais etc. Os atores não recebiam o texto completo da peça, mas aprendiam apenas aquilo que lhes dizia respeito a partir de um documento com o mínimo necessário a ser sabido, como suas falas, entradas e saídas. Com base nisso e no manuscrito de encenação postado nas portas do palco, eles podiam desempenhar a parte que lhes cabia na peça. Um nicho específico, relevante

---

[33] Clark, *Supersizing the Mind* [Expandindo a mente], p. 63-64.
[34] Artigo original de Evelyn Tribble, "Distributing Cognition in the Globe", *Shakespeare Quarterly* 56 (2005): 135-55, descrito em Clark, *Supersizing the Mind* [Expandindo a mente], p. 63-64.

para a peça, era criado para permitir que cada ator desempenhasse seu papel no grande esquema da peça representada naquele dia (*versus* a da véspera ou da antevéspera).

Encenar peças no nicho que era o *Globe Theatre* fornece uma metáfora apropriada ao relacionamento entre os cristãos individualmente, o corpo que é a igreja e o reino de Deus. Os cristãos individuais são como atores. Cada pessoa não é responsável por toda a peça, mas deve cumprir uma função específica. O que acontece dentro deles (sua "espiritualidade") é fundamental, na medida em que os estimula e motiva a conhecer e cumprir bem seu papel (seja grande ou pequeno) e fazê-lo "como para o Senhor" — isto é, com o compromisso de todo o *eu* com o papel que está sendo desempenhado.

Rodney Clapp descreve a diferença entre as práticas solitárias e a participação em práticas mais amplas da congregação da seguinte forma:

> Mal-orientados pela espiritualidade moderna, os cristãos contemporâneos às vezes presumem que suas práticas espirituais mais importantes ocorrem em sua solidão, com orações diárias particulares, leituras da Bíblia e assim por diante. Como jogador de futebol americano do ensino médio, eu costumava passar as tardes de outono no quintal, sozinho, jogando a bola para cima e pegando-a, arremessando-a através de um balanço de pneu e correndo para me manter em forma. Valia a pena treinar sozinho, mas nunca imaginei que meus exercícios solitários ofuscassem ou fossem mais importantes que os treinos em equipe, quanto mais os jogos de verdade. Eu conhecia meu trabalho individual e meu lazer derivado de um passatempo, que era, antes de tudo, social e corporativo, e sempre entendi sua plenitude como um esforço social e não solitário. A espiritualidade cristã é bem semelhante. Nossos exercícios individuais e diários são importantes e valiosos, mas não precedem a devoção corporativa. Eles derivam da devoção corporativa e retornam para encontrar seu cumprimento na devoção corporativa. No final das contas, se os outros não orarem comigo, a fé cristã e a espiritualidade se tornarão pequenas e triviais, abatidas por um mundo muito maior e mais interessante do que minhas obsessões e desejos individuais.[35]

---

[35] Clapp, *Tortured Wonders* [Maravilhas torturadas], p. 88.

O nicho físico e social que existia no *layout* físico do palco e as práticas sociais de encenar peças (incluindo o manuscrito de encenação) são similares à igreja. Ou seja, a vida e as práticas da igreja formam um nicho em que cada um encontra um lugar e um papel. A vida cristã vivida nesse nicho potencializa a participação de cada pessoa e permite que determinado grupo de cristãos (igreja) atue no mundo de maneira a manifestar o reino de Deus. Essa metáfora de uma peça elizabetana é inteiramente ressonante com a metáfora usada nas Escrituras da igreja como um corpo físico com várias partes — como olhos, pés, mãos etc. —, cada qual com um papel particular dentro da atividade do reino do corpo (1Coríntios 12).

Em resumo, a premissa deste livro é que o que vale para nossa inteligência também vale para nossa vida cristã. Deixados inteiramente a nós mesmos e aos nossos próprios recursos individuais, não somos nem tão inteligentes nem tão espirituais quanto presumimos ser. Muito do que experimentamos como *nossa própria* vida cristã não pode ser atribuído apenas a nós mesmos, mas deve ser visto como o produto de uma vida estendida, que é codeterminada e estruturada por nosso compromisso com o corpo de Cristo. Neste capítulo, enfocamos particularmente as qualidades expandidas de uma vida compartilhada com outros cristãos por meio de momentos dinamicamente variáveis de acoplamento *soft* no culto, na oração, na música, na leitura das Escrituras e no trabalho. Esse engajamento na vida de um corpo de Cristo também serve para edificar a vida de cada cristão, assunto ao qual nos dedicaremos agora.

Capítulo 7

A vida "individual" do cristão

A esta altura, esperamos que você tenha entendido que: (a) pensamos que a vida cristã permanecerá limitada (o que queremos dizer com "insignificante") quando for entendida e vivida como individual, interna e privada; e (b) a vida cristã pode ser enriquecida e expandida através de extensões para fora, nas quais nossos pensamentos e ações tornam-se acoplados aos de outros cristãos, de modo que permitem o surgimento de uma vida mais rica do que aquela que experienciamos apenas por nós mesmos. Foi por isso que começamos com a discussão do papel da igreja. Em seguida, abordaremos a vida cristã do indivíduo.

Dada a centralidade da igreja, como devemos entender as tradições consagradas pelo tempo das disciplinas cristãs *individuais*, como a oração pessoal, a leitura da Bíblia, a contemplação etc.? No capítulo 2, discutimos os perigos de tornar a espiritualidade cristã muito individualista e interna. No capítulo 6, enfocamos o enriquecimento da vida cristã que é experimentado nos corpos congregacionais. Tentamos fornecer exemplos de como as práticas litúrgicas de culto e ministério podem estender e expandir a vida cristã. Neste capítulo, revisitaremos as práticas individuais e a natureza da formação cristã, a fim de fornecer uma estrutura para a melhor compreensão dessas práticas do ponto de vista da extensão cognitiva.

NUNCA ESTAMOS SOZINHOS

Uma ideia central que percorre todo este livro é que os humanos são seres relacionais. Quase tudo que experimentamos, desde a concepção até a morte, inclui, em alguma medida, outras pessoas. Experimentamos, aprendemos, pensamos, criamos e imaginamos como corpos que estão inseridos em redes relacionais. A verdade é que nunca estamos realmente sozinhos. Mesmo quando nos encontramos absortos em pensamentos silenciosos, estamos principalmente nos engajando em relações imaginárias com outras pessoas de nosso passado, presente ou futuro antecipado. Ao refletirmos, podemos imaginar que outras pessoas estão conversando conosco, observando-nos, julgando-nos, amando-nos ou nos encorajando. Essas outras pessoas internas são o que a psicóloga Sandra Buechler chamou de nosso "coro interno".[1] Embora esse coro interno possa impactar-nos para o bem ou para o mal, influencia-nos de maneiras das quais nem sempre estamos cientes.

Como a cognição humana não é apenas incorporada (vivenciada em corpos) e inserida (sempre em uma teia de relações sociais), mas também enativada (o pensamento é voltado para a ação), nossos pensamentos internos são simulações mentais *off-line* de ações corporais contextualizadas — principalmente simulações de interações imaginárias e de conversas com outras pessoas. Por exemplo, você pode estar sentado sozinho refletindo sobre o seu dia. Talvez você esteja refletindo sobre uma reunião da qual participou no início do dia. Não é preciso muito esforço para compreender que mesmo essa experiência aparentemente "privada" e "interna" envolve o ensaio de memórias do que aconteceu com os outros, bem como uma imaginação progressiva do que você desejou ter dito ou poderia ter dito ou feito, o que os outros fizeram ou não fizeram, ou o que você poderia fazer de forma diferente no futuro. Essas reflexões são simulações mentais *off-line* de interações passadas ou futuras em potencial. Nesse sentido, então, mesmo em nossos momentos de reflexão interna e pessoal, estamos engajados em uma espécie de extensão social.

O psicólogo da mente Merlin Donald reflete sobre nossa inevitável imersão nos amplos domínios de nossas experiências interpessoais e culturais anteriores. Ele escreve: "Nossas culturas nos invadem e definem nossas agendas. Uma vez que tenhamos internalizado as convenções simbólicas de uma cultura, nunca mais poderemos ficar verdadeiramente sozinhos no

---

[1] Sandra Buechler, *Still Practicing: The Heartaches and Joys of a Clinical Career* [Ainda praticando: as dores e alegrias de uma carreira clínica] (Nova York: Routledge, 2012), p. 79.

espaço semântico, mesmo que nos retiremos para um eremitério ou passemos o resto de nossas vidas em confinamento solitário".[2]

Como observado no capítulo 2, em grande parte do pensamento evangélico dos séculos 20 e 21 a experiência cristã foi conceituada de uma forma excessivamente individualista. Por exemplo, o evangelicalismo, historicamente, tem colocado grande ênfase na ideia de um "relacionamento pessoal com Jesus". No entanto, em face do que descrevemos sobre cognição humana e extensão, é incorreto descrever a vida cristã como "pessoal" se o que se entende por isso é privado e não envolve outras pessoas. Na verdade, é possível ter um "relacionamento pessoal com Jesus" na forma de um relacionamento vibrante marcado por comunicação, devoção e crescimento, mas isso nunca deve ser confundido com um relacionamento privado. "Cristão", como descritor de uma pessoa, deve sempre implicar um relacionamento com Cristo como manifesto através e dentro de um corpo funcional de Cristo. Nas Escrituras Hebraicas, Deus chama um povo, não uma pessoa (ou chama uma pessoa como representante de um povo). No Novo Testamento, tudo aponta para a formação do corpo de Cristo, a igreja, como o meio para a contínua obra de Deus voltada para o mundo. Claro, existem histórias de encontros pessoais entre Jesus e indivíduos, e decisões pessoais de segui-lo são tomadas por indivíduos, mas essas são sempre contextualizadas em histórias interpessoais. Portanto, devemos evitar ler as Escrituras com olhos excessivamente ocidentais e individualistas.[3] Na verdade, é difícil conceber a experiência e a vida pessoal cristãs como isoladas, individuais ou privadas. Somente uma vida cristã incorporada e estendida faz algum sentido real.

A EXIBIÇÃO DAS DISCIPLINAS INTERNAS

A perspectiva que estamos descrevendo não deve ser lida como se estivéssemos afirmando que os cristãos não devem envolver-se em disciplinas

---

[2] Merlin Donald, *A Mind So Rare: The Evolution of Human Consciousness* [Uma mente tão rara: a evolução da consciência humana] (Nova York: Norton, 2001), p. 298.
[3] E. Randolph Richards; Brandon J. O'Brien, *Misreading Scripture with Western Eyes: Removing Cultural Blinders to Better Understand the Bible* [Lendo erradamente as Escrituras com olhos ocidentais: removendo as cortinas culturais para melhor compreender a Bíblia] (Downers Grove, IL: InterVarsity Press, 2012).

espirituais clássicas, como as descritas por Richard Foster em seu livro *Celebração da Disciplina*.[4] No entanto, o que Foster chama de "disciplinas internas" — como orar, jejuar, meditar ou ler a Bíblia sozinho — pode e deve ser compreendido de maneira diferente. Essas atividades são, na verdade, estendidas para além de nosso eu individual, na medida em que exploram (e simulam) memórias de ações e experiências nas quais interagimos com outros cristãos ou com nossa congregação.

Por exemplo, estudos da atividade cerebral através de fMRI mostram que, quando as pessoas ouvem uma história, sua atividade cerebral é muito semelhante ao que seria se elas próprias estivessem atuando na história.[5] E isso é verdadeiro não apenas para a ação física da história, mas também para as emoções descritas. Por isso que ficamos com medo, choramos, recuamos, rimos, sorrimos etc. quando estamos simplesmente ouvindo e/ou vendo uma história. Nosso cérebro está imaginando (simulando com base em nossas experiências anteriores) o que poderíamos, deveríamos, faríamos ou sentiríamos se estivéssemos realmente lá. Os processos mentais de nossas devoções "privadas" são igualmente constituídos por simulações construídas a partir de experiências anteriores de oração ou leitura da Bíblia em grupos de cristãos.

Como já escrevemos em outro livro, as histórias nos moldam ao criar a oportunidade de imaginarmos a nós mesmos em diferentes cenários.[6] Mesmo quando estamos sozinhos lendo uma história, não estamos verdadeiramente sozinhos, nem estamos recebendo passivamente os fatos da história. Estamos interagindo com a história à luz de todas as nossas experiências físicas e relacionais passadas (com o acompanhamento de nosso coro interno). As narrativas tornam-se uma forma de extensão cognitiva. Compreendemos a história, imaginando o que poderíamos fazer, o que faríamos, o que deveríamos fazer ou não, no dado contexto. Ao entrar em um cenário comportamental imaginário retratado na história, estamos trabalhando mentalmente simulações dos eventos dessa história,

---

[4] Richard J. Foster, *Celebração da disciplina: o caminho para o crescimento espiritual* (Vida Livros, 2007).
[5] Nicole K. Speer, Jeremy R. Reynolds, Khena M. Swallow, and Jeffery M. Zacks, "Reading Stories Activates Neural Representations of Visual and Motor Experiences", *Psychological Science* 20 (2009): 989-99, https://journals.sagepub.com/doi/10.1111/j.1467-9280.2009.02397.x.
[6] Warren S. Brown and Brad D. Strawn, *The Physical Nature of Christian Life* [A natureza física da vida cristã], p. 201.

e assim fazendo, podemos experimentar maneiras indiretas de agir e reagir em situações futuras.

Agora considere o que sempre presumimos ser a prática privada de leitura da Bíblia. Durante a leitura, não podemos deixar de interagir com nosso próprio "coro interno" de experiências relacionais, fornecendo-nos formas de extensão cognitiva virtual. Na verdade, algumas das práticas espirituais de Inácio de Loyola que envolvem a imaginação foram projetadas para potencializar os benefícios do que estamos chamando de "simulação".[7] Inácio pediria ao praticante para imaginar profundamente a cena da Bíblia que estava sendo lida (usando todos os seus sentidos), e até mesmo imaginar-se naquele cenário. Embora isso seja maravilhoso como uma prática específica, o que a ciência moderna sugere é que não podemos evitar fazer isso mesmo (embora, muitas vezes, menos conscientemente do que Inácio defendia). Então, quando um cristão pratica a leitura pessoal da Bíblia, ele nunca está realmente sozinho ou passivo, mas, sim, em acoplamento *soft* com a narrativa, de maneira que estende sua espiritualidade por meio da simulação mental do texto que está sendo lido, e como ele veio a entender o texto na vida da igreja.[8]

Portanto, ler as Escrituras sozinho envolve simulações *off-line* de ação com base em memórias de experiências passadas, incluindo a evocação de nosso "coro interno". Dependendo da passagem e de nossas experiências anteriores, o coro interno na leitura da Bíblia pode representar o que aprendemos sobre a Bíblia com nossa família, líderes importantes da igreja (por exemplo, professores da escola dominical, pastores), outras fontes religiosas (por exemplo, livros cristãos), nossas denominações e as teologias que aprendemos ao longo do caminho. Isso ajuda a explicar como dois cristãos, advindos de diferentes experiências de vida (incluindo culturas diferentes) e diferentes tradições teológicas/denominacionais, podem ler a mesma passagem das Escrituras de formas bem diferentes. O que emerge enquanto lemos é um acoplamento *soft* virtual entre nossas mentes corporificadas e

---

[7] Santo Inácio, *Os exercícios espirituais de Santo Inácio*. São Paulo, SP: Edições Loyola, 1985.
[8] A ideia de Escritura como "entendida na vida da igreja" ajuda a explicar por que a compreensão da Escritura pode tornar-se tão arraigada. Parece que não podemos entender de uma maneira diferente da que sempre entendemos. Por isso que é tão importante, como indicamos no capítulo 6, ler em comunidade com outras pessoas que são diferentes de nós.

nossas comunidades religiosas. O que acreditamos sobre a fé não é produto de nossas mentes isoladas, mas uma extensão que envolve uma simulação de *loops* de *feedback* relacionais recíprocos. Não cremos sozinhos; cremos com outras pessoas. Da mesma forma, não lemos sozinhos, mas com a igreja (para o bem ou para o mal, dependendo das qualidades da igreja em particular).

Pode-se estabelecer um argumento semelhante em relação a uma série de outras práticas devocionais muitas vezes consideradas individuais, como a oração contemplativa, a *lectio divina*, a meditação espiritual (em suas várias formas) etc. Como apontamos no capítulo 6, mesmo que sejam praticadas isoladamente, nunca são exclusivamente individuais e privadas. E, definitivamente, não são passivas. A cognição humana é voltada à ação, e não podemos deixar de conduzir essas práticas de forma que nossos cérebros enativem cenários comportamentais — cenários sobre ação. Portanto, os significados que extraímos dessas práticas são, de fato, significados incorporados e socialmente interativos.

Assim, as devoções pessoais são sempre socialmente estendidas pelo fato de que não podemos deixar de interagir com o coro interno de nossa história relacional incorporada, enativada e inserida, e é dessas experiências que derivamos os significados que povoam nossos pensamentos devocionais. Por exemplo, esses significados relacionais podem ser o de contar com os cuidados de um pai amoroso (incorporando a metáfora de um Deus amoroso) ou de relacionamentos nos quais aprendemos narrativas sobre a vida cristã (por exemplo, a educação cristã). Esses tipos de significados pessoais também tendem a ser estendidos para a teologia e a doutrina específicas da tradição religiosa dentro da qual estamos inseridos — isto é, as "instituições mentais" de nossas vidas religiosas (das quais falaremos mais no capítulo 8).

A NATUREZA COMUNAL DAS DEVOÇÕES PESSOAIS

Isso nos leva ao segundo ponto importante sobre disciplinas espirituais individuais. Embora essas disciplinas, muitas vezes, tenham sido ensinadas como práticas a serem feitas de forma solitária, é fácil serem entendidas simplesmente como coisas a serem feitas para a edificação espiritual do praticante individual. Ouvimos os cristãos falando em "fazer devocionais" para crescer em *sua* fé ou para *se sentir* mais perto de Jesus. Embora não estejam necessariamente erradas, essas finalidades facilmente nos levam a fazer devocionais pessoais principalmente por motivos individualistas e a julgar o valor da experiência quanto ao estado de nossa própria vida espiritual medido por um estado sentimental interior. No entanto, se compreendermos e praticarmos as devoções pessoais através das lentes da cognição ampliada, devemos reconhecer que as devoções são uma forma de acoplamento *soft* virtual com o corpo de Cristo (ou seja, a igreja). Nós nos engajamos em disciplinas pessoais não para nós mesmos, ou para que possamos sentir algo espiritual (embora estes possam ser benefícios colaterais), mas para o bem da igreja e do mundo para o qual ela foi chamada.

No capítulo 2, criticamos a visão moderna predominante da espiritualidade cristã pelos modos como pode ser lida como promoção de uma forma interior, privada e individualista de vida cristã. Embora seja verdade que autores como Nouwen, Merton e Willard, e organizações como o Renovaré, compartilhem algumas de nossas preocupações sobre a necessidade de uma fé cristã mais incorporada e vivida, parece claro que há uma diferença *direcional* importante. Esses autores parecem ensinar que a mudança externa no comportamento decorre de uma mudança interna. Se houver uma mudança espiritual interior em um cristão, ou seja, uma mudança no estado interior de sua "alma", então a mudança exterior seguirá como uma consequência necessária. Seria fácil concluir que essas práticas visam, principalmente, mudar a natureza espiritual interna de alguém, e então a mudança externa seguirá o mesmo caminho.

Na verdade, existem passagens na Bíblia em que Jesus parece ensinar uma ideia semelhante. Por exemplo, em Mateus 12:22-37, Jesus está falando com um grupo de fariseus logo depois de curar um homem endemoninhado que era cego e mudo. Jesus avisa os fariseus de que uma árvore boa produz bons frutos, mas uma árvore ruim produz frutos ruins. Jesus diz que a boca fala do que o coração está cheio. Isso poderia ser entendido como suporte para a ideia de que o comportamento resultará necessariamente da tradução de um estado subjetivo interior para uma ação corporificada.

Ou considere outra passagem em que Jesus está falando novamente aos fariseus e os avisa de que eles estão se concentrando nas coisas erradas:

Ai de vocês, escribas e fariseus, hipócritas, porque vocês limpam o exterior do copo e do prato, mas estes, por dentro, estão cheios de roubo e de glutonaria! Fariseu cego! Limpe primeiro o interior do copo, para que também o seu exterior fique limpo! (Mateus 23:25,26, NAA)

Uma leitura simples de passagens similares pode levar os indivíduos a uma espiritualidade interior e autocentrada — o que Owen Thomas descreve como foco na interioridade na vida cristã.[9] Mas a erudição bíblica nos lembra de que passagens semelhantes devem ser lidas no contexto. Com quem Jesus está falando? Em ambos os casos, ele está falando com um grupo de líderes religiosos, os fariseus, que vinculavam sua religiosidade à prática rígida da lei. Eles caíram na armadilha das "obras da justiça", de modo que Jesus os está interpelando pela hipocrisia deles. Jesus faz mais declarações sobre hipocrisia do que sobre a direção das determinações da vida religiosa. Jesus está repreendendo os fariseus não por promoverem o cumprimento da lei, mas porque havia uma grande discrepância entre a intenção da lei e as consequências de suas ações. Os fariseus eram hipócritas porque enfatizavam a estrita observância das armadilhas externas da religiosidade, enquanto negligenciavam o verdadeiro significado interpessoal e a intenção da lei e da vida religiosa.

Entretanto, existem passagens das Escrituras em que Jesus parece enfatizar uma vida piedosa que é mais obviamente consistente com o que estamos descrevendo. Um dos exemplos mais marcantes é o Sermão da Montanha (Mateus 5-7). Em várias passagens desse ensino, Jesus enfatiza a importância do que uma pessoa *faz com e para os outros*, em oposição ao seu estado interior.[10] Na verdade, nas passagens em que ele fala de práticas espirituais individuais, como oração e jejum, Jesus é rápido em dizer a seus ouvintes que uma vida piedosa não é essencialmente sobre suas boas obras privadas. Em Mateus 7, quando Jesus fala sobre apenas as boas árvores serem capazes de produzir bons frutos, ele parece estar menos preocupado com o "tornar-se uma boa árvore" (o que poderia ser

---

[9] Owen C. Thomas, *Christian Life and Practice: Anglican Essays* [Vida e prática cristã: ensaios anglicanos] (Eugene, OR: Wipf & Stock, 2009).
[10] Como N. T. Wright sugere em *Eu Creio, e Agora? Por que o Caráter Cristão é Importante* (Viçosa: Ultimato, 2012), Jesus está particularmente interessado na formação de virtudes.

entendido como um estado exclusivamente individual) do que com "dar bons frutos" (uma prática estendida externamente). Por fim, em Mateus 7:21-23, Jesus diz que muitos alegarão conhecê-lo, mas somente aqueles que *fazem* a vontade do Pai (isto é, aqueles cuja vida cristã se manifesta em amor e cuidado com os outros) entrarão. Esses ensinamentos parecem ser sobre uma fé corporificada, enativada e estendida — tanto o que a pessoa faz no corpo como se essas práticas pessoais se estendem recíproca e relacionalmente à vida de outras pessoas. O que parece claro é que esses ensinamentos não são sobre um tipo de espiritualidade interior que pode levar a bons efeitos exteriores, mas sobre uma maneira de ser, como uma pessoa completa no mundo, que traz vida.

Em Mateus 7:21-23, há uma ligação direta com o final do Evangelho de Mateus, quando Jesus descreve sua volta, quando, então, julgará todas as pessoas, separando as ovelhas dos bodes (Mateus 25:31-46). Naquela que talvez seja uma das passagens mais assustadoras de toda a Escritura, Jesus afirma que aqueles que entrarem no reino dos céus não serão aqueles que afirmam conhecê-lo de alguma forma interior, pessoal ou privada, mas apenas os que incorporaram e cumpriram a vontade do Pai e cuidaram dos "meus irmãos pequeninos". A vida cristã não é primariamente constituída por um florescimento espiritual interior e privado, ou por conceder assentimento intelectual a crenças proposicionais, mas é, antes, uma vida incorporada, enativada e estendida.

Assim, embora muitos autores, tanto antigos como contemporâneos, possam recomendar a importância de uma vida que exibe frutos do Espírito e cuida dos irmãos pequeninos, há uma diferença direcional importante em relação à forma como isso acontece na vida dos cristãos. Muitos autores cristãos contemporâneos enfatizam a direção do interior para o exterior. Conforme argumentamos anteriormente, acreditamos que isso se deva a um entendimento implícito segundo o qual a pessoa real reside dentro (na mente interior secreta ou na alma) e o corpo realmente não importa, exceto como um sistema de *delivery* da mente/alma. Como visão alternativa a isso, defendemos que as pessoas não são espíritos interiores desencarnados, nem computadores internos baseados no cérebro, manipulando abstrações mentais descorporizadas, mas, sim, corpos que estão sempre ativamente inseridos em um contexto situacional particular, e cujas capacidades são expandidas por extensão ao mundo físico e social, fora dos limites da pele.

Para reiterar, *não* estamos dizendo que práticas devocionais pessoais sejam erradas ou que não devam ser realizadas. Estamos defendendo um entendimento diferente e uma ênfase diferente. De maneira geral, concordamos com Thomas quando ele escreve:

> Portanto, estou sugerindo que o movimento da espiritualidade deve equilibrar sua ênfase na interioridade com uma preocupação idêntica com a vida exterior do corpo, da comunidade e da história. Deve harmonizar sua ênfase na vida individual privada com um compromisso igual com a importância da vida pública de trabalho e política. E deve igualar sua preocupação quanto aos sentimentos com uma ênfase na vida da razão e da reflexão. Em suma, deve equilibrar seu compromisso relativo à espiritualidade com um compromisso idêntico quanto à vida da religião e suas preocupações relativas à tradição, à vida comunitária e ao envolvimento com a vida pública.[11]

Nossa modificação ou ressalva a essa declaração de Thomas é que se deveria considerar a "interioridade" à qual se dispensa "igual preocupação" como apontando para simulações internas de ações externas corporificadas (principalmente relacionais) no mundo. Assim, podemos diferenciar uma visão de interioridade como meramente subjetiva, experiencial e amplamente emotiva (que consideramos incoerente e que Thomas provavelmente não gostaria de endossar) de uma visão de interioridade como simulações e ensaios do que foi feito e potencialmente poderia ser feito na qualidade de seres relacionais no mundo de Deus (com as qualidades afetivas que os acompanham), cujo valor é medido por sua realização em ações semelhantes às de Cristo no mundo.

PRÁTICAS CRISTÃS PESSOAIS (NÃO PRIVADAS)

Essa ideia de se envolver em uma prática pessoal como uma forma de incluir o que está fora de si mesmo, e por causa de algo maior, pode soar

---

[11] Thomas, *Christian Life and Practice* [Vida e prática cristã], Loc. 1154.

estranha para alguns cristãos quando aplicada a devoções pessoais. No entanto, quando considerada à luz de outras esferas da vida, a ideia pode parecer menos estranha.

Pense nas atividades que as pessoas realizam sozinhas com o propósito de ampliar as possibilidades em algum contexto posterior, mais público. Por exemplo, imagine tocar um instrumento musical. Embora passe horas a fio praticando sozinho, você nunca estará realmente sozinho. Você só sabe o que praticar porque, em sua imaginação, está em acoplamento *soft* com alguém que o ensinou. Isso equivale a um coro interno, que consiste na memória de seu professor, ou de um amigo que lhe mostrou algumas coisas, ou nas técnicas que você aprendeu no YouTube. Você também está se estendendo mentalmente para o mundo mais amplo da composição musical — possibilidades musicais disponibilizadas a você por meio do trabalho histórico de outras pessoas. Pense também na prática solitária de um esporte. Alguém pode praticar arremessar uma bola sozinho por horas a fio, ou praticar chutar uma bola de futebol em um gol no quintal, ou atirar uma bola de tênis contra a garagem, mas tudo isso é feito porque você já aprendeu o básico por intermédio de outra pessoa, a qual lhe forneceu uma memória de instruções ou modelos a serem imitados. A extensão cognitiva ocorreu nos processos de aprendizagem originais, tornando possível, mais tarde, quando você se encontra sozinho, estender-se imaginativa e fisicamente às instruções anteriores. Praticar sem outras pessoas por perto nunca significa estar realmente "sozinho", mas na companhia de mentores.

É igualmente verdadeiro que a prática por si só não é isolada e privada, na medida em que se dá com o propósito de melhorar algum tipo de atividade ou desempenho público. Jogar futebol sozinho no quintal pode desenvolver algumas das habilidades que você aprendeu, mas só tem significado real quando você joga futebol com outras pessoas. Mesmo os chamados esportes "individuais", como o golfe, só fazem sentido quando você se engaja no esporte com outras pessoas. Os atores podem praticar e se preparar sozinhos, mas com o propósito de atuar com outras pessoas. Embora nossas capacidades possam ser aprimoradas pela extensão de nós mesmos, por meio de um acoplamento *soft* com professores e modelos, o aprimoramento de nossas capacidades em ensaios é para compartilhar as habilidades com outros. *Nós nos engajamos*

A VIDA "INDIVIDUAL" DO CRISTÃO 165

em momentos individuais de prática que só fazem sentido dentro de algum nicho social de atuação que lhes dê significado.

Agora, pense nesse cenário em termos das disciplinas pessoais (mas não privadas) da vida cristã. Mesmo quando estamos engajados sozinhos em práticas cristãs, não se trata de *nós* — não é um evento isolado, autorreferencial, seja quanto à própria prática, seja quanto a seu valor último. Em vez disso, as práticas pessoais são uma extensão à vida da igreja com o objetivo de fortalecer seus engajamentos com o reino de Deus no mundo. Não as praticamos sozinhos prioritariamente para nossa própria edificação, nem por seu valor intrínseco. Embora possamos considerar agradável realizá-las sozinhos (como, por exemplo, quando uma criança gosta de jogar bola no quintal), seu significado só fica claro quando são reconhecidas como formas de extensão de/para a vida mais ampla da congregação. E o *loop* de *feedback* se fecha quando somos reciprocamente estendidos à vida das muitas pessoas da congregação. Como Clapp sugere, as devoções pessoais são uma prática para o jogo real que ainda está por vir.[12]

Esse entendimento das práticas cristãs pessoais como uma extensão da vida da igreja e como uma extensão de volta para ela tem implicações importantes. Primeiro, as práticas pessoais são de fato práticas para o jogo real, que é viver as implicações do reino de Deus em comunidade para o bem do mundo. Por exemplo, oramos e lemos sozinhos as Escrituras porque a comunidade nos ensinou e enfatizou a importância dessa prática como um meio de estarmos prontos para contribuir com a vida de todo o corpo.

Em segundo lugar, essa compreensão das práticas pessoais como estendidas deve impactar a maneira como as abordamos. Não nos envolvemos nessas práticas sozinhos para simplesmente crescer em nossa própria fé, ou obter experiências emocionais ou sentimentos de bem-estar espiritual. Lembre-se de nossa descrição dos sentimentos no capítulo 6, não como experiências íntimas e privadas, mas como subproduto de sintonizações interpessoais. Quando nos engajamos em práticas pessoais de fé, fazemos isso para o bem da comunidade — para completar e dar continuidade

---

[12] Clapp, *Tortured Wonders* [Maravilhas torturadas], p. 88.

aotrabalho interativo em curso. Só podemos nos envolver em uma prática sozinhos porque já tivemos nossos pensamentos e conhecimentos estendidos pela comunidade que nos ensinou essas práticas e seu valor. Mas, uma vez que estamos amparados na vida de extensão recíproca, nada disso é privado ou apenas "para mim". Eu me engajo na prática da oração para que, quando você não puder orar, eu possa orar por você. Oro para poder orar com e pela comunidade. Pratico a oração devocional para poder orar melhor com você. Meus louvores e petições, embora expressos na minha individualidade, fazem parte das orações corporativas da igreja. Por exemplo, orar um salmo de lamentação pode não ser consistente com meu estado atual, mas eu sei que, no corpo, há irmãos e irmãs lamentando. E eu pratico tanto a oração pessoal como a oração corporativa pelo bem do mundo. O mesmo pode ser dito quanto à leitura das Escrituras, à meditação espiritual ou a qualquer uma das práticas/disciplinas pessoais.

Como, então, devemos abordar as devoções pessoais dada essa perspectiva? Primeiro, como já argumentamos, os cristãos não devem envolver-se em práticas espirituais, sejam elas individuais ou corporativas, com o único propósito de ter uma experiência subjetiva, interior, emocional ou um senso de bem-estar espiritual individual. Nós nos engajamos nesses "meios de graça" para a *formação* do corpo local de Cristo que nos inclui. Essa formação é a renovação da imagem de Deus, na e pela vida da igreja, para o bem do mundo. Esse entendimento tem o potencial de mudar radicalmente a maneira como entendemos e abordamos as práticas espirituais cristãs. Pode nos ser útil fazermos perguntas como: essa prática melhora a vida do corpo de Cristo em que estou envolvido? Essa prática se desenvolve e capacita os frutos do Espírito a serem incorporados ao mundo? Essa prática é basicamente sobre Deus e os outros ou principalmente sobre mim? A questão central é: Qual é o objetivo dessa prática? Se o objetivo é para o bem do mundo (aqueles dentro e fora da igreja), então seu impacto sobre nós e sobre a igreja torna-se aberto para ser expandido também à vida de outros cristãos. Se o objetivo da prática devocional é para mim, então essa prática isolada e focada em si mesma vai estagnar em algo que não é mais do que experiencial e permanece insignificante no que diz respeito à sua contribuição para a obra de Deus no mundo.

A VIDA "INDIVIDUAL" DO CRISTÃO

Em segundo lugar, considere a passagem memorável das Escrituras encontrada nos capítulos 11 e 12 de Hebreus. Em Hebreus 11, o autor narra a história dos heróis da fé cristã. O autor começa com Abel e passa por Enoque, Noé, Abraão, Isaque, Jacó, José, Moisés e Raabe. E, assim como todo bom escritor/pregador, o autor continua dizendo que não há tempo suficiente para falar sobre uma multidão de outras pessoas, que foram torturadas ou condenadas à morte, ou vagaram em desertos e viveram em buracos, mas que o mundo não era digno dessas pessoas (Hebreus 11:35-38)! Então, lemos isto: "Todos estes, mesmo tendo obtido bom testemunho por meio da fé, não obtiveram a concretização da promessa, porque Deus tinha previsto algo melhor para nós, para que eles, sem nós, não fossem aperfeiçoados" (Hebreus 11:39-40, NAA).

"Para que eles, sem nós, não fossem aperfeiçoados." Essa é a extensão social recíproca do evangelho. Entendemos que mesmo nossa perfeição em Cristo, nossa realização como indivíduos (o que chamaríamos em nossa tradição wesleyana de "santificação"), ocorre como um corpo, não individualmente. Nossa perfeição é completada quando nossa vida cristã é enriquecida pela extensão interativa e recíproca na vida do corpo inteiro de Cristo. Nós nos tornamos perfeitos um no outro. Dado que somos pessoas corporificadas, sempre inseridas em contextos situacionais, capazes de ampliar nossas capacidades por meio da extensão cognitiva, é necessário contar com o corpo interativo de Cristo para nos tornar cristãos incorporados. Não é preciso apenas uma igreja para gerar um cristão; é preciso contar com uma igreja santa para gerar uma pessoa santa.

Portanto, faz sentido manter o foco no corpo maior quando lemos: "Portanto, também *nós*, uma vez que estamos rodeados por tão grande nuvem de testemunhas, livremo-*nos* de tudo o que *nos* atrapalha e do pecado que *nos* envolve, e corramos com perseverança a corrida que *nos* é proposta" (Hebreus 12:1, NAA, ênfase nossa). Uma vez que a vida e o pensamento cristãos são estendidos a essa grande nuvem de testemunhas, esses heróis da fé, assim como nossos irmãos e irmãs em nossas congregações locais, todos devemos correr essa corrida juntos. Quantas vezes já ouvimos essa passagem ser pregada de um modo intensamente individualista? *Você* deve correr a corrida, *você* deve ter perseverança, *você* deve fixar seus olhos em Jesus. Mas, se uma vida caracterizada por extensão cognitiva recíproca dentro de comunidades relacionais é verdadeiramente o que significa ser mais plenamente humano, com capacidades cognitivas e relacionais expandidas, então devemos correr juntos "a corrida que nos é proposta".

É somente por meio do corpo de Cristo que a vida cristã pode ser vivida de uma forma que poderíamos chamar de expandida. Quando tentamos fazer isso sozinhos, por meio de práticas individualizadas que enfatizam nossos estados privados e internos, ou por meio da busca de experiências subjetivas "sensacionais" (por exemplo, caminhar na floresta ou ver um belo pôr do sol), não teremos nada mais do que uma experiência. Na ausência de uma vida mais estendida e interativa, o resultado será um tipo de fé anêmica, que pouco faz para nos equipar para corrermos juntos a corrida.

Capítulo 8

As *wikis* da vida cristã

No capítulo 5, apresentamos a ideia de "instituição mental".[1] Conforme entendido nas teorias da cognição estendida, uma instituição mental é uma estrutura cognitiva para entender e agir em contextos particulares que é o produto das experiências e dos pensamentos acumulados de outras pessoas. É a preservação das informações e práticas da reflexão e das experiências de tentativa e erro de uma multidão de indivíduos não presentes atualmente, mas que participaram, ao longo do tempo da "construção" da instituição mental. O exemplo que citamos anteriormente foi o sistema jurídico. No próximo capítulo, resumiremos a análise de Hutchins sobre os padrões de cognição estendida na navegação de um navio da marinha. Nesse contexto, ele afirma que "não entenderemos os cálculos [de navegação] até acompanharmos sua história e vermos como a estrutura foi acumulada ao longo dos séculos"[2], ou seja, até apreciarmos as instituições mentais que fornecem a estrutura para os processos de navegação.

Como alternativa ao termo "instituição mental", sugerimos o termo mais descritivo "*wiki* mental". Uma *wiki* é um recurso baseado na web (como, por exemplo, a Wikipedia) que contém informações sobre determinado assunto, algo que pode ser repetido e progressivamente modificado e atualizado por uma série de contribuidores em potencial — predominantemente por indivíduos que conhecem bem o tópico. Há dois aspectos

---

[1] Shaun Gallagher, "The Socially Extended Mind", *Cognitive Systems Research* 25-26 (2013): 6.
[2] Edwin Hutchins, *Cognition in the Wild* [Cognição na natureza], (Cambridge, MA: MIT Press, 1995), p. 168.

importantes de uma *wiki* como metáfora que correspondem à ideia de instituição mental, e que são críticos para nossa discussão sobre extensão cognitiva: (1) *wikis* contêm as contribuições acumuladas e reunidas de muitas outras pessoas em um período de tempo; e (2) por ser uma página da web, uma *wiki* contém conhecimento que está prontamente disponível quando necessário para enriquecer nossos próprios conhecimento e pensamento. Assim, uma *wiki* é um meio que permite o acesso rápido a informações culturalmente acumuladas, capazes de ampliar nossas capacidades cognitivas, mas que não exige que carreguemos todo o conteúdo em nossas memórias biológicas. São informações prontamente à mão — uma busca rápida de um tópico em nosso celular e temos diante de nós uma *wiki* de conhecimento acumulado sobre o tópico de interesse.

As *wikis* mentais são importantes nas discussões de extensão cognitiva porque podemos, quando o contexto exige, incorporar informações e procedimentos para ampliar nossa reflexão, nosso planejamento e nossa solução de problemas atuais — elas expandem a mente. Nossas capacidades cognitivas são ampliadas por redes de ideias e práticas mentalmente engajantes, que não são o produto de nosso próprio pensamento individual. Neste capítulo, vamos considerar a possibilidade de enriquecer a vida cristã por extensão a redes de ideias e possibilidades de ação que não são nossas, e nem sempre estão disponíveis em nossas redes imediatas por extensão a artefatos ou a outros cristãos, mas que nos são dadas como compreensões, perspectivas e práticas particularmente cristãs, por meio da longa e ampla história da fé cristã.

A NATUREZA DAS *WIKIS* MENTAIS

As culturas (incluindo as tradições religiosas) envolvem uma miríade de *wikis* mentais. Na verdade, é possível argumentar que a cultura é constituída pela soma total das *wikis* que estão profunda e inescapavelmente inseridas em nossas mentes e nos pressupostos implícitos de nosso mundo social particular. Como escreveu Merlin Donald: "Nossas culturas nos invadem e estabelecem nossas agendas".[3] Não podemos escapar do acúmulo

---

[3] Merlin Donald, *A Mind So Rare: The Evolution of Human Consciousness* [Uma mente tão rara: a evolução da consciência humana] (Nova York: Norton, 2001), p. 298.

de conhecimento, ideias e qualidades semânticas de palavras que sustentam significativamente nossas mentes, exceto talvez por meio de algumas intensas experiências contraculturais.

Um bom exemplo de *wikis* mentais que contribuem para uma cultura é o conhecimento acumulado sobre várias formas de cozinhar. Ao cozinhar, fazemos uma extensão a procedimentos prescritos que não inventamos. Para ir além da mera água fervente ou de um jantar instantâneo no micro-ondas, precisamos de receitas derivadas das experiências de outras pessoas. Embora algumas coisas possam ser descobertas por um cozinheiro individual, isoladamente, por tentativa e erro, o método usual é estender-se cognitivamente a *wikis* disponíveis de uma forma particular de cozinhar. Para se tornar um cozinheiro *gourmet*, seria necessário haver uma extensão muito profunda nessa forma de *wiki*, incluindo a escolha de qual domínio da *wiki* de culinária se deseja estender — por exemplo, domínio francês, mexicano, italiano, grego, chinês de Sichuan. Para se tornar um cozinheiro especialista, é necessário ter livros de receitas, assistir a programas de culinária e vídeos do YouTube e/ou aulas de culinária disponíveis que permitam a uma pessoa acessar o conhecimento acumulado de uma *wiki* de culinária específica. Um cozinheiro *gourmet* não é necessariamente aquele que inventa muitos pratos novos, mas aquele que se tornou um especialista na habilidade de estender o pensar e a prática culinária para uma forma particular de cozinhar.

Uma *wiki* mental é mais do que simplesmente um monte de bits individuais de informações relevantes; ela também envolve determinados esquemas. Os esquemas são redes organizadas de ideias importantes que nos ajudam a interagir e compreender toda uma situação ou um tópico complexo. No exemplo de culinária acima, é possível ter um esquema geral sobre que tipo de coisas fazem parte dos molhos franceses e o que torna um molho saboroso em comparação a um não tão saboroso. Frequentemente, os esquemas são semelhantes a histórias, envolvendo as sequências de ações e os resultados que podem ocorrer nesses tipos de situações.

Outro exemplo de esquema seria decidir o que fazer ao encontrar na rua uma pessoa que pede dinheiro para a gasolina do carro. O que você deveria fazer? Uma pessoa com experiência em histórias bíblicas pode estender seu pensamento para a história do bom samaritano e, com base no esquema de ação dessa história, dar dinheiro à pessoa que se encontra em necessidade. Alternativamente, pode vir à mente um esquema/história sobre pessoas que usam esse apelo como farsa para adquirir dinheiro para comprar drogas. De qualquer maneira, o processamento mental em relação ao que fazer nessa situação foi ampliado por extensão a um esquema ou uma história que não é uma criação própria, mas que vem à mente para consolidar a deliberação sobre o que fazer em tais situações.

O que estamos chamando de *wikis* e esquemas incluiria o que Alasdair MacIntyre refere como "práticas" e "tradições". Ele escreve: "Por uma 'prática', eu... quero dizer qualquer forma coerente e complexa de atividade cooperativa, socialmente estabelecida, por meio da qual bens... são realizados".[4] As qualidades tipo *wiki* das práticas incluem sua dependência da história. MacIntyre afirma que

> toda prática tem sua própria história (...) Entrar em uma prática é entrar em um relacionamento não apenas com seus praticantes contemporâneos, mas também com aqueles que nos precederam, particularmente aqueles cujas realizações estenderam o alcance da prática ao seu ponto atual.[5]

No entanto, MacIntyre adverte que não devemos presumir que todas as práticas (ou todas as *wikis*) são necessariamente boas. "Algumas práticas, ou seja, algumas atividades humanas coerentes que atendem à descrição do que chamei de prática — são malignas".[6]

Para MacIntyre, as *wikis* que ele chama de "tradições" são padrões mais amplos de pensamentos e ideias abrangendo um grupo de práticas conectadas que, juntas, estão associadas à obtenção de determinado resultado (normalmente um bom resultado). Ele escreve:

> Pois todo raciocínio ocorre no contexto de alguma tradição de pensamento (...) Além disso, quando uma tradição está em bom estado, é sempre em termos

---

[4] Alasdair MacIntyre, *After Virtue*, 2. ed. (Notre Dame: University of Notre Dame Press, 1981), p. 186 [Ed. Bras.: *Depois da virtude: um estudo em teoria moral*. São Paulo, SP: EDUSC, 2001].
[5] Ibidem, p. 194.
[6] Ibidem, p. 199.

práticos constituída por um argumento sobre os bens cuja busca confere a essa tradição seu objetivo e propósito particulares.[7]

Por exemplo, um professor do ensino fundamental viverá sua vida profissional dentro da tradição do ensino fundamental, tradição essa que proporciona um complexo de práticas que, como as *wikis*, podem ser engajadas para estender e aprimorar os processos cognitivos do professor. Da mesma forma, as várias manifestações culturais e denominacionais da igreja cristã constituem tradições com práticas que podem ser empregadas para estender e enriquecer o processo cognitivo da liderança e dos participantes leigos (para melhor ou para pior).

Uma grande parte da vida cristã consiste em acessar tipos únicos de histórias/esquemas que aprendemos, e que estendem nossas decisões a situações específicas. Esses esquemas estruturam nosso pensamento sobre como agir de maneiras que poderiam nunca ter vindo à mente senão pela capacidade de se estender a uma *wiki* narrativa sobre a vida cristã. É importante notar que acessar uma *wiki* mental (e as informações e os esquemas que ela contém) pode não ser algo consciente; antes, fornece um *background* implícito de conhecimento para ajudar a pessoa a alcançar o sucesso ao negociar a situação.

Outra maneira de ver as *wikis* mentais é na condição dos nichos cognitivo-comportamentais que descrevemos no capítulo 6. Observamos, por exemplo, que a definição de um organismo deve incluir o nicho ambiental que ele ocupa, como no exemplo de uma aranha e sua teia. A teia é uma parte essencial (uma extensão) do comportamento inteligente adaptativo da aranha. Para seres humanos, uma *wiki* mental é algo análogo à teia da aranha. O comportamento que envolve uma *wiki*/um nicho pode ser visto como manifestação de agência híbrida — a causa do comportamento é tanto o organismo como seu nicho. Da mesma forma, a vivência cristã é uma forma de agência híbrida composta pela pessoa, pela igreja dentro da qual ela foi e é formada e pelas *wikis* cristãs disponíveis para edificar o pensar, o decidir e o agir.

---

[7] Ibidem, p. 222.

Neste ponto, devemos fazer uma advertência importante sobre *wikis* mentais (esquemas/nichos). Esses sistemas de entendimento, que influenciam nossos pensamentos e comportamentos, podem ser adaptativos ou não. Por exemplo, uma família do crime organizado constituiria um sistema de influências (um nicho) envolvendo *wikis* mentais para seus membros, por mais prejudiciais que sejam as influências. O que torna algo uma *wiki* mental é o acúmulo e a reunião de informações, estruturas e processos, mas o *conteúdo* específico pode ser praticamente de qualquer tipo. Assim, esses auxílios ao pensamento e ao comportamento são redes de ideias e processos mentais, portadores de influências que podem ser boas ou más, saudáveis ou doentias, solidárias ou impiedosas, violentas ou não violentas, cristãs, pseudocristãs ou não cristãs.

Outra característica importante é que uma *wiki*, um esquema ou um nicho normalmente não funciona como um conjunto de regras rígidas ou um manual de instruções inflexível. As *wikis* diferem em relação à quantidade de orientações ou informações específicas que oferecem às pessoas ou aos grupos que recorrem a elas. Pense na diferença entre a execução de música orquestral clássica e a de um quarteto de jazz especializado em improvisação. O jazz pode soar como "vale-tudo", mas músicos experientes de jazz sabem que há uma forma e um método (*wiki*) aceitos e estabelecidos para o devaneio da improvisação. Uma das coisas que torna o jazz improvisado tão empolgante, mesmo para os não iniciados, é como em um dado momento ele parece absolutamente caótico, voltando a ser coerente no momento seguinte. A maioria das *wikis* que informam nossa vida diária é mais como os esquemas gerais que coordenam a improvisação de jazz do que como uma performance orquestral mais restrita.[8]

Contudo, assim como a progressão contínua de emendas na maioria das entradas da Wikipedia, nossas contribuições para a "wikiness" são mais parecidas com pequenos ajustes do que com grandes alterações. Como disse Merlin Donald:

> É uma ideia, um pensamento, uma hipótese ou um arquétipo raro que ainda não foi concebido e modificado mil vezes, em algum lugar nas redes distribuídas

---

[8] Agradecemos ao editor do IVP, Jon Boyd, que é músico de jazz, por nos trazer esse exemplo.

do universo cognitivo humano. O melhor que um indivíduo pode esperar é um pequeno grau de singularidade, talvez se tornando o canal de novas colisões de ideias ou vetores confluentes de pensamentos, que nunca antes foram reunidos.[9]

WIKIS DA VIDA CRISTÃ

Dadas as descrições acima, não deve ser exagero pensar na vida cristã como estendida por um rico e robusto conjunto de *wikis* envolvendo o corpo historicamente acumulado de práticas e tradições da igreja. As histórias e os ensinamentos bíblicos constituem o núcleo das *wikis* mentais da vida cristã. Além disso, muitas práticas da vida cristã estão enraizadas na história do pensamento, na criatividade e nas ações de muitos que participaram da vida da igreja em épocas anteriores, sejam recentes ou mais antigas. Por exemplo, no culto devocional, participamos de práticas por meio das quais nossas mentes são estendidas a uma instituição mental eclesial com uma história muito longa (embora talvez modificada no contexto atual para criar uma sensação de frescor). À medida que vamos estabelecendo um acoplamento *soft* de maneira dinâmica e criativa com a instituição do culto, acessamos estruturas mentais e comportamentais que não são de nossa própria invenção, mas que servem para estender e enriquecer significativamente nossos pensamentos, imaginação e práticas.

Lembre-se da história de Otto e da agenda que ele usa para aumentar sua memória, que está seriamente enfraquecida pela doença de Alzheimer. Filósofos que usam essa história para discutir aspectos da cognição estendida destacam a questão crítica da *crença*.[10] Ou seja, não se trata apenas de que Otto tenha informações anotadas na agenda, mas também que ele *acredita* que as informações da agenda são verdadeiras. A agenda é um elemento que amplia sua memória por causa dessa crença, assim como pessoas com memórias normais acreditam que o que vem à sua mente, por meio dos processos de seu cérebro, é uma memória verdadeira de algum evento passado. Isso não é diferente do nosso problema como cristãos de acreditar no que não podemos ver ou experimentar

---

[9] Donald, *A Mind So Rare* [Uma mente tão rara], p. 299.
[10] Andy Clark, *Supersizing the Mind* [Expandindo a mente].

diretamente. As *wikis* da fé cristã (incluindo histórias bíblicas, credos teológicos, liturgias e rituais) não apenas contêm o que precisa ser lembrado, como também são creditadas como verdadeiras e, portanto, experimentadas como uma amplificação da vida cristã. Nossa fé cristã é a crença nas *wikis* que recebemos.

A ideia de uma vida cristã que está apoiada em *wikis* mentais levanta novamente a questão de até que ponto podemos considerar nossa vida cristã como exclusivamente nossas, ou se, de fato, não estamos nos engajando em práticas e acessando perspectivas dadas a nós pela igreja. Quando nos engajamos com pensamentos, atividades, conversas, culto, orações etc., somos frequentemente tentados a considerá-los manifestações de nossa espiritualidade individual. No entanto, não estamos recapitulando os pensamentos e as práticas de outros cristãos conforme nos foram ensinados pela igreja (embora muitas vezes ajustados para atender ao contexto atual)? Da mesma forma, como argumentamos no capítulo 7, por mais que tendamos a considerar atividades individuais, tais como práticas devocionais pessoais, aspectos de nossa própria espiritualidade exclusiva, elas são, na realidade, extensões das *wikis* mentais disponibilizadas para nós pela igreja e pela longa história do pensamento e da vida cristãos.

Importantes *wikis* mentais cristãs incluiriam teologia e doutrinas, ritos e rituais, formas de devoção, disciplinas espirituais individuais, ética cristã e esquemas de ações compassivas, bem como ideias sobre o envolvimento cristão em áreas seculares, como ocupações, recreação, economia, política e vida familiar. Acessar essas *wikis* para regular nossos pensamentos e comportamentos diários, ou para resolver problemas imediatos, envolve a extensão cognitiva às mentes de uma série de outras pessoas que, com o tempo, construíram e moldaram as estruturas disponíveis para nós como cristãos. Nossa agência como cristãos é sempre um híbrido de nós mesmos e das instituições mentais (*wikis*, sistemas, nichos) que ocupamos.[11]

---

[11] Como já mencionamos, o que estamos descrevendo neste livro é uma compreensão do aspecto imanente de nossa vida cristã — a presença e a acessibilidade de Deus neste mundo físico atual. Também reconhecemos e valorizamos a possibilidade do movimento sem precedentes do Espírito de Deus dentro de grupos ou de pessoas individuais.

Um dos aspectos importantes das *wikis* mentais é o grau em que nos fornecem um sistema de aprendizagem construtivo. Ou seja, nossa rede de compreensão em torno de uma situação ou de um tópico particular (a *wiki* mental relevante) fornece os pré-requisitos básicos de estruturas mentais e comportamentais capazes de nos permitir a assimilação de mais informações, ideias e ações potenciais relacionadas a esse domínio. Gastar tempo na instituição mental da culinária permite aprender e assimilar prontamente novas ideias e novos processos culinários, embora algumas dessas ideias estejam além da compreensão de pessoas que não estão profundamente ambientadas às *wikis* mentais da culinária. Da mesma forma, a formação cristã de indivíduos é progressiva, pois, à medida que acessamos ativamente as *wikis* mentais da fé cristã, também ganhamos um sistema de aprendizado construtivo para uma compreensão mais profunda da vida e da fé cristã.[12] E, assim como o jazz improvisado, uma *wiki* cristã pode apresentar diferentes graus de liberdade em termos de quanta improvisação é permitida. Algumas tradições cristãs são conhecidas pelas fronteiras e restrições claras que impõem às pessoas que vivem dentro delas, enquanto outras são conhecidas por se mostrarem mais amplas e abertas na amplitude de suas especificações e expectativas.

Novamente, apresentamos a nota de advertência de que as *wikis* mentais de determinado grupo ou igreja podem conter o que é verdadeiramente cristão ou institucionalizar o que não é verdadeiramente cristão. Como as *wikis* mentais são frequentemente acessadas de forma implícita e inconsciente, é difícil examinar a verdade das *wikis* às quais nos estendemos cognitivamente. Práticas e pressupostos de longa data estão frequentemente ocultos demais da consciência para que sejam atentamente avaliados. Também é possível mesclar inconscientemente duas ou mais *wikis* em uma. Um exemplo importante pode ser encontrado em algumas versões do evangelicalismo ocidental, na forma de uma mistura sincrética da *wiki* secular do nacionalismo (e tudo o que vem junto com essa ideia) com as ideias (*wikis*) que cercam o ensino bíblico sobre o reino de Deus.

---

[12] Reconhecemos que a formação permanente e o crescimento não caracterizam a vida de alguns cristãos. Nossa tarefa aqui é descrever a natureza e as possibilidades da formação, e não explicar as razões pelas quais ela pode não ocorrer.

RITOS E RITUAIS COMO *WIKIS*

Há uma tendência de algumas pessoas religiosas verem a participação nos ritos e rituais de sua fé como algo mágico. Ou seja, elas veem a participação no ritual como algo que magicamente muda a pessoa, transformando-a em um novo estado religioso. Por exemplo, algumas visões cristãs da Eucaristia e do batismo têm essa caraterística. Uma visão alternativa dos ritos e rituais é que eles são pistas comportamentais [*behavioral cues*] para *wikis* mentais fundamentais de uma fé em particular. São lembranças incorporadas do conteúdo das *wikis* religiosas centrais, que realçam a compreensão da fé.

Por exemplo, a Eucaristia serve como lembrança e encenação da história da Última Ceia. Além disso, carrega toda uma rede de associações e lembranças de ideias centrais da fé cristã — ideias como crucificação e sacrifício de Jesus (o corpo e o sangue de Cristo), ceia e companheirismo, bem como a comissão para a igreja de amar uns aos outros. Cada uma dessas ideias envolve redes amplas e complexas de pensamentos, associações e esquemas específicos sobre a natureza de nossa fé, que são rememorados quando participamos da Eucaristia. Quase o mesmo tipo de coisa pode ser dito sobre o batismo. Esse rito cristão é um sinal para *wikis* mentais, envolvendo ideias como purificação do pecado, morte e ressurreição, nascimento e nova vida, além de ter conotação de iniciação e membresia. Embora a Eucaristia e o batismo sejam os exemplos mais notáveis, grande parte do culto devocional é formada em torno de sinais e pistas para as *wikis* mentais da fé cristã. A Eucaristia, o batismo e os outros rituais, ritos e observâncias cristãs fornecem uma estrutura importante para o nicho cognitivo em que a vida cristã é vivida. Em vez de mágicos, esses rituais e ritos nos formam por um processo natural de aprendizagem corporificada, que ocorre quando participamos de ações corporificadas e metaforicamente significativas.

LINGUAGEM E *WIKIS* CRISTÃS

A linguagem é uma parte importante das *wikis* mentais. Dado o fato de que as palavras codificam e resumem ideias complexas, a linguagem geralmente aponta para *wikis* específicas. Não são apenas as palavras que usamos ou a forma como as usamos, mas também o que entendemos que uma palavra significa e o complexo de associações desencadeadas em nossas mentes. Considere a palavra *gay*. Um século atrás, essa palavra denotava algo muito diferente do que denota na linguagem moderna. Não foi apenas o significado denotativo que mudou, mas também as nuances das associações semânticas em torno da palavra que variam notavelmente dentro dos diferentes grupos culturais e de suas respectivas instituições mentais.

O impacto da linguagem no pensamento funciona em diferentes níveis. No nível mais baixo, as palavras criam percepções e atenção a coisas que, de outra forma, escapariam à observação. Uma palavra como *compaixão* reúne certas experiências em uma categoria de eventos semelhantes em vista dos quais a palavra nos permite perceber e prestar atenção à qualidade da compaixão nas interações humanas. Em um nível superior, a linguagem orienta a ação, permitindo-nos pensar sobre ações passadas e possibilidades de ações futuras. Dizer "devemos agir com compaixão" engendra e sustenta ações de um tipo particular que não seríamos capazes de imaginar para nós mesmos ou para outros sem a ferramenta da linguagem. No nível mais alto, a linguagem é uma parte fundamental das *wikis* mentais. O que foi construído ao longo do tempo por muitos indivíduos que contribuíram para uma *wiki* mental específica existe principalmente em forma de linguagem — em nuances de significado específicas de um contexto, e em processos de pensamento e ação codificados pela linguagem. Às vezes, uma única palavra, como, por exemplo, *santificação*, pode conter todo um universo de significados e ações.

Grande parte da vida cristã que herdamos é construída e está disponível a nós nos significados específicos das palavras e nos comportamentos e interações que implicam. Considere as nuances cristãs em torno de palavras como *sacrifício, amor, comunidade, testemunho* e *pecado*. A fé, a crença e a vida cristãs são expressas de maneiras que envolvem significados exclusivamente matizados e corporativamente construídos. Embora a oração possa incluir estados e experiências meditativas não verbais, sua realização primária é expressa em palavras — palavras que se baseiam em significados únicos e na ampla gama de conceitos nas *wikis* da vida cristã. Como descrevemos anteriormente (capítulos 6 e 7), oramos com palavras cujos significados particulares não inventamos e que fazem referência a ideias que não criamos. Assim, a vida cristã é expandida sempre que nossas mentes são estendidas pela linguagem criada e compartilhada na comunidade cristã.

Um papel central da linguagem na extensão cognitiva é como meio de contar histórias. O exemplo óbvio são as histórias bíblicas que constituem o cerne da vida cristã. Mas também existem narrativas compartilhadas entre cristãos na comunidade (por exemplo, testemunhos) — narrativas da bênção de Deus, ou de atos de compaixão e misericórdia dentro da comunidade, ou de uma vida que deu errado, mas foi redimida por Deus por meio da igreja. Em ambos os casos (bíblicos e congregacionais), as narrativas contadas dentro das comunidades cristãs — na pregação, no ensino, no testemunho, no estudo da Bíblia e na oração — são incorporadas por extensão de maneiras que enriquecem nossa imaginação a respeito da natureza da vida cristã. As *wikis* da vida cristã são dominadas por narrativas.

Como descrevemos no capítulo 7, um fator central no poder das narrativas é que, para entender as ações na história, o ouvinte deve criar em sua imaginação uma simulação das ações e interações ali descritas.[13] Dizer, dentro de uma história, "ele escalou a montanha" é fazer com que ocorra, no sistema cerebral do ouvinte, uma rápida simulação parcial (um esboço de ação mental em miniatura) de escalar uma montanha. Caso contrário, o ouvinte não pode apreciar adequadamente o que está sendo dito. Recentes pesquisas cerebrais mostraram ativação das mesmas áreas cerebrais em um ouvinte que seriam ativadas se ele estivesse praticando as ações descritas em uma história.[14] Assim, o ouvinte mentalmente se estende aos eventos que estão sendo descritos na história por simulação cerebral da ação. Além disso, as simulações comportamentais deixam resíduos nas vias neurais, que aumentam (embora sutilmente) a probabilidade de o ouvinte realizar a ação descrita na história, principalmente se a ação descrita for avaliada como eficaz e boa pelo ouvinte. Nossas tendências de ação na qualidade de cristãos são formadas em nós por histórias da vida cristã às quais nos estendemos por meio de simulação de ação.

---

[13] Christian Keysers, *The Empathic Brain: How the Discovery of Mirror Neurons Changes Our Understanding of Human Nature* [O cérebro empático: como a descoberta dos neurônios-espelho muda nossa compreensão da natureza humana] (*self-pub.*, Amazon Digital Services, 2011), Kindle, p. 107-8.
[14] Annabel D. Nijhof and Roel M. Willems, "Simulating Fiction: Individual Differences in Literature Comprehension Revealed with FMRI", *PLoS One* 10, n° 2 (2015): e0116492, https://doi.org/10.1371/journal.pone.0116492.

As histórias não existem isoladas da rede maior de ideias, esquemas, sistemas e nichos comportamentais que formam as *wikis* mentais de nossa vida cristã. As *wikis* que habitamos influenciam nossas interpretações teológicas das histórias bíblicas e da comunidade. Qualquer história pode ser seguida pela pergunta: "e daí?" As *wikis* mentais da vida e da fé cristãs fornecem a estrutura teológica e prática interpretativa que responde a essa pergunta. Como Lesslie Newbigin disse: "A única hermenêutica do evangelho é uma congregação de homens e mulheres que acreditam e vivem de acordo com o evangelho".[15] Nossa vida congregacional sustenta e se ajusta progressivamente para atender ao nosso contexto, as *wikis* mentais dentro das quais entendemos o evangelho.

No entanto, como tentamos deixar claro, essas instituições mentais mais amplas — nossas *wikis* diárias da vida cristã — podem ou não ser verdadeiramente cristãs. Assim, a natureza dessas ideias, desses esquemas, sistemas e nichos (tipicamente implícitos), que fornecem o contexto e a estrutura em torno da vida congregacional e individual, deve estar sempre aberta ao exame crítico. Precisamos estar atentos às *wikis* mentais que habitamos e ao grau em que foram dominadas pelas poderosas *wikis* do mundo cultural mais amplo que ocupamos.

IDENTIDADE NARRATIVA CRISTÃ

O papel e a importância das *wikis* baseadas em histórias são mais profundos do que simplesmente estruturar domínios específicos de ações ou entendimentos. O psicólogo Dan McAdams e outros argumentaram que mantemos nossa autoidentidade na forma narrativa.[16] Nós nos entendemos como personagens centrais de um drama que se desenrola. Adotamos uma história (ou histórias) sobre nós mesmos que dá sentido e coerência às nossas vidas. No entanto, as histórias que contaríamos sobre nós não são inteiramente nossas; são estruturas narrativas que emprestamos ou que nos são dadas. Encontramos nossas narrativas de identidade nas histórias

---

[15] Lesslie Newbigin, *The Gospel in a Pluralist Society* (Grand Rapids: Eerdmans, 1989), p. 227. [Ed. Bras.: *O Evangelho em uma Sociedade Pluralista* (Viçosa: Ultimato, 2016.)]
[16] Dan McAdams, *The Redemptive Self: Stories Americans Live By* [*O self redentor: histórias pelas quais os americanos vivem*] (Nova York: Oxford University Press, 2005).

de família, mentores, heróis de livros ou filmes, ídolos do esporte etc. As narrativas de autoidentidade que adotamos fazem parte das *wikis* culturais que herdamos e que estão disponíveis para estender nossa imaginação sobre nós mesmos.

Da mesma forma, nossa identidade como cristãos é formada habitando histórias particulares. Algumas histórias chegam até nós em temas de narrativas bíblicas, mas com maior frequência elas vêm nas narrativas que assimilamos de nossa igreja e da vida de outros cristãos. As histórias nos ajudam a dar sentido cristão ao nosso passado e ao nosso presente, mas também alimentam nossa imaginação a respeito do futuro e orientam o desenrolar de nossa vida cristã. Frequentemente, outros nos ajudam a narrar nossas próprias histórias, ao nos contarem sobre nós mesmos. Somos as histórias que usamos para narrar nossas vidas e as histórias que os outros nos contam sobre nós mesmos. E nós não inventamos essas histórias; elas são parte das *wikis* mentais que nos foram dadas, que estendemos a essa forma e que enriquecem nossa reflexão sobre a vida cristã.

Este livro é sobre um novo entendimento da vida cristã que inclui o que está além de nós mesmos. Neste capítulo, consideramos o que está disponível na forma de oportunidades para o enriquecimento da vida cristã por extensão cognitiva no que chamamos de "*wikis*" — isto é, informações, práticas, esquemas, nichos e histórias que não criamos, mas que podem expandir nossa vida cristã. Não se trata simplesmente de que essas *wikis* mentais tenham algum efeito direto sobre nós como indivíduos isolados, mas sobretudo que são os nichos dentro dos quais existimos e aos quais podemos estender nossos pensamentos e imaginação para termos uma vida cristã mais rica e robusta. "Somos uma espécie culturalmente conectada e vivemos em simbiose com nossa criação coletiva."[17]

---

[17] Donald, *A Mind So Rare* [Uma mente tão rara], p. 300.

CAPÍTULO 9

Coisas ditas e não ditas

Como estamos nos aproximando do final do livro, desejamos lidar com duas questões ou preocupações que suspeitamos que os leitores possam ter tido durante a leitura. A primeira é nossa visão um tanto idealista da igreja em comparação com as igrejas que existem em muitas comunidades. Onde você encontra essa igreja? Ou como você se torna essa igreja? A segunda questão é a forte teologia da imanência de Deus, que claramente caracteriza os argumentos deste livro. O que aconteceu com a transcendência de Deus?

ONDE VOCÊ ENCONTRA ESSA IGREJA?

O guru de tecnologia da internet Clay Shirky, em seu livro *Cognitive Surplus: Creativity and Generosity in a Connected Age* [Excedente cognitivo: criatividade e generosidade em uma era conectada], conta a seguinte história:

> Eu estava jantando com um grupo de amigos, falando sobre nossos filhos, e um deles contou uma história que ocorreu enquanto estava assistindo a um DVD com sua filha de quatro anos. No meio do filme, sem motivo algum, ela pulou do sofá e correu para trás da tela. Meu amigo achou que ela queria ver se as pessoas do filme realmente estavam lá atrás. Mas não era isso que ela pretendia. Ela começou a remexer nos cabos atrás da tela. Seu pai perguntou: "O que você está fazendo?" Ela tirou a cabeça de trás da tela e disse: "Procurando o mouse".[1]

---

[1] Clay Shirky, *Cognitive Surplus: Creativity and Generosity in a Connected Age* [Excedente cognitivo: criatividade e generosidade em uma era conectada] (Nova York: Penguin Press, 2010), p. 212.

COISAS DITAS E NÃO DITAS

Essa pequena garota já havia assimilado a ideia de que a mídia que ela encontra são coisas com as quais ela interage, e não algo a que ela assiste passivamente. Qualquer coisa com tela deve ter um mouse para permitir interações. Ela não estava disposta a ficar parada e apenas assistir.

Shirky comenta que "pode não valer a pena ficar sentado quieto por uma mídia que é direcionada a você, mas que não o inclui".[2] O que se segue considera questões como: para que tipo de igreja vale a pena ficar sentado quieto? Se a vida cristã é expandida por redes de acoplamento *soft* interativo que ocorrem na *ecclesia*, que tipo de grupo acolhe isso? Onde você encontra o mouse (os pontos de conexão interativos) na vida dessa igreja?

Temos argumentado que uma vida cristã relevante não é possível isoladamente, mas que uma vida mais rica e robusta (expandida) é possível por extensão dessa vida a grupos, congregações, igrejas e tradições. Ao propor esse argumento, presumimos uma igreja um tanto ideal — uma igreja que promove a extensão e tem pontos de conexão genuínos para um acoplamento *soft* interativo em sua vida. Presumimos uma igreja onde você pode facilmente encontrar o mouse. Fazer essa suposição é, naturalmente, ver a igreja através de lentes cor-de-rosa, presumindo características que podem ou não estar presentes em qualquer igreja em particular.

Shirky fala sobre "as pessoas anteriormente conhecidas como a audiência", que agora se tornaram participantes.[3] A mudança de ver TV para interagir *on-line* via computador cada vez mais condiciona as pessoas a serem menos tolerantes em relação a entretenimento e informações que não são interativas. Em uma era conectada, as pessoas não desejam mais ser recipientes passivos de informações *destinadas a elas*, mas procuram fontes que *as incluam* como participantes interativos. Elas estão procurando o mouse — o ponto de interatividade. Elas estão procurando oportunidades para participar e criar. O que é necessário para a extensão vital a grupos e sistemas é interatividade e generatividade — ação criativa e *feedback*, comportamento e resposta, ideia e nova ideia, oração e resposta à oração, ensino e reação. Pode-se dizer que hoje a questão central não é a frequência ou a membresia da igreja, mas o engajamento na igreja.

---

[2] Idem.
[3] Shirky, *Cognitive Surplus* [Excedente cognitivo], p. 64.

Ao considerar a natureza das igrejas com relação à possibilidade de que um indivíduo possa estender sua vivência cristã à vida de uma igreja particular, há duas questões importantes a considerar: (1) os desejos humanos básicos que podem motivar extensão e participação, e (2) a abertura dos sistemas e da cultura da igreja para mais do que presença passiva.

Em tudo que as pessoas fazem, as motivações são fundamentais para o que fazem e como fazem. Clay Shirky descreve quatro importantes motivações humanas que servem para atrair as pessoas para o engajamento voluntário em grupos e projetos: os motivos intrínsecos de autonomia e competência e os motivos sociais de conexão e compartilhamento.[4]

Autonomia. Isso parece uma contradição no que diz respeito às ideias de se tornar plugado e interconectado. No entanto, o que se quer dizer aqui é o grau em que uma pessoa sente que sua presença pode contribuir de alguma maneira *particular*. Elas esperam não ser simplesmente um acréscimo à contagem do tamanho do público. As pessoas estão mais aptas a se conectar quando veem que têm uma contribuição a dar para o todo. Elas também estão procurando uma oportunidade para trabalhar de uma forma que seja, em alguns aspectos, autossupervisionada. Elas desejam contribuir de uma forma que pareça que o que fazem expressa algo sobre elas e contribui para um todo maior.

Competência. Não é apenas o senso de autonomia que motiva as pessoas, mas o senso de que podem conectar-se de uma maneira que se baseie em alguma forma de competência e lhes permita expressá-la — que elas disponham de um meio de usar suas habilidades e experiências de vida para melhorar a vida da igreja e de outras pessoas na congregação. No entanto, o que se entende por competência não é habilidade de nível profissional, mas oportunidades de expressar qualquer forma de competência de uma maneira que contribua. Em projetos de código aberto (discutidos a seguir), a questão toda é o que pode ser realizado com as contribuições de amadores.

Conectividade. Audiências não se conectam; participantes, sim. A conexão desejada não são as experiências emocionais em massa em um

---

[4] Ibidem, p. 74-82.

show de rock, ou as interações sociais sentimentais de um bate-papo em uma festa. Em uma era conectada, as pessoas estão mais do que nunca procurando por situações (igrejas) nas quais possam encontrar o mouse que as conecte a um projeto interativo maior como um participante autônomo e competente — a conectividade interativa da participação em um trabalho significativo. Conectar-se aos pontos de plugagem de projetos interativos permite a vivência de experiências simultâneas de: "Consegui! Conseguimos!".[5]

Compartilhamento. Também é uma verdade da natureza humana que a oportunidade de se conectar de uma forma que expresse autonomia e competência é motivada de maneira mais sincera quando inclui a oportunidade de compartilhar — dar generosamente em benefício de outros por meio do que se é capaz de fazer. As pessoas são implicitamente motivadas e recompensadas pelas oportunidades de fazer algo que resulte em benefício para os outros. O melhor trabalho é sempre feito por amor ao próprio trabalho e como uma expressão de amor pelos outros.

A segunda questão a ser considerada para se descobrir se determinada igreja oferece oportunidades para o tipo de extensão que expande a vida cristã é se a cultura da igreja — seus sistemas, procedimentos e pressupostos implícitos — é genuinamente aberta para permitir que as pessoas se conectem através de formas que atendam a essas motivações. Se iniciativas seguem oportunidades, então a questão é: onde estão as oportunidades para satisfazer os motivos de autonomia, competência, conexão e compartilhamento?

Um domínio esclarecedor para se pensar sobre essa questão é a relação entre a produção de *software* corporativo e de código aberto. Clay Shirky escreve e fala muito sobre a comparação entre projetos de *software* comercial, como Microsoft Windows ou Apple iOS, e projetos de código aberto, como o sistema operacional Unix. A produção comercial de *software* por corporações é um trabalho integralmente interno, realizado por pequenas equipes de profissionais de *software* gerenciados e controlados de perto. O método de desenvolvimento de *software* de código aberto é público, aberto

---

[5] Shirky, *Cognitive Surplus* [Excedente cognitivo], p. 79.

a todos e colaborativo. Ele permite que qualquer pessoa que queira contribuir faça alterações e melhorias no *software* (desde que obedeça às regras mínimas de participação). O sistema operacional Unix se desenvolveu ao longo do tempo pelas contribuições de milhares de programadores voluntários (a maioria amadores), que participaram principalmente motivados por autonomia, competência, conexão e compartilhamento. No desenvolvimento de código aberto, a qualidade é "gerenciada" por processos autocorretivos nas interações contínuas de edição e melhorias feitas por um grande número de participantes. Além disso, um participante pode fazer grandes e numerosas contribuições, ou algumas pequenas contribuições, mas as inúmeras pequenas contribuições não podem ser subestimadas nos aprimoramentos contínuos do *software*.

Alguns dos contrastes entre os modos comercial e de código aberto de desenvolvimento de *software* são: contribuidores profissionais *versus* amadores, trabalho pago *versus* voluntário, motivações extrínsecas (dinheiro) *versus* intrínsecas (amor pelo trabalho), trabalho pré-especificado *versus* a liberdade e a alegria da experimentação, e lucro corporativo *versus* a chance de compartilhar generosamente o trabalho de forma gratuita. Shirky comenta sobre a "capacidade de grupos coordenados de maneira flexível, com uma cultura compartilhada de realizar tarefas de uma forma mais eficaz do que indivíduos, de um modo mais eficaz do que mercados que usam índices de preço e de um modo mais eficaz do que os governos, que usam direção gerencial".[6]

Ao pensar sobre a vida cristã estendida e as igrejas participativas, com pontos de conexão nos quais os congregantes podem encontrar o mouse, vale a pena considerar o modelo de código aberto. Uma igreja particular se parece mais com um projeto corporativo, altamente administrado e implementado profissionalmente? Ou a vida da igreja é de código aberto, e os fiéis são livres para contribuir em qualquer aspecto da vida da congregação? Os pontos de plugagem — as oportunidades de engajamento — são óbvios? Os que frequentam — pessoas que vivem em um mundo *on-line* interativo e participativo — podem encontrar os pontos de interação

---

[6] Shirky, *Cognitive Surplus* [Excedente cognitivo], p. 128.

ou estão travados na igreja, à procura do mouse? O mundo interativo moderno parece exigir que a igreja se torne mais de código aberto, evitando o modo comercial, que envolve apenas profissionais, apenas os altamente qualificados ou tão somente os pastores e líderes religiosos.

Há questões a serem consideradas em um modo de código aberto, pois o desenvolvimento de *software* e os ambientes congregacionais apresentam diferentes implicações. O tamanho do grupo é crítico e interfere no meio de interação. Um grupo muito grande conseguiu participar do projeto Unix porque tudo aconteceu *on-line*. A igreja opera face a face e em tempo real, portanto o tamanho do grupo de participantes deverá ser menor. Os custos de participação também são diferentes. A internet fornece interações fáceis e de baixo custo entre grandes grupos, enquanto a igreja opera principalmente dentro de custos sociais mais elevados, implicados novamente pela interação face a face e em tempo real. A clareza da missão também é um fator crítico. A missão é bastante específica, clara e relativamente limitada no desenvolvimento de *software*. Na igreja, a missão é frequentemente menos específica e clara, e tipicamente muito ampla, razão pela qual requer constantes reafirmação e reorientação. Um último elemento crítico em um ambiente de código aberto é sua cultura — os pressupostos implícitos sobre como o grupo deve realizar seu trabalho. Os projetos de *software* de código aberto operam com suposições e diretrizes bastante claras para a participação. As igrejas variam muito a esse respeito. Para aproveitar o poder de um modo de código aberto em uma igreja, deve-se prestar atenção à cultura da igreja.

Ao todo, parece que a igreja tem muito a ganhar ao reduzir a dependência de um entendimento da vida da igreja local de cima para baixo, centralmente hierárquico e gerenciado, adotando o potencial dos modos de código aberto para a vida e o trabalho de uma congregação.

O QUE ACONTECEU COM A TRANSCENDÊNCIA?

Na medida em que nossas discussões neste livro se qualificam como teologia, nosso foco é a antropologia teológica e a eclesiologia. Estamos interessados na natureza dos seres humanos quanto ao seu relacionamento com o reino de Deus na terra e, mais particularmente, com a vida da igreja.

Nossas discussões sobre a natureza da vida cristã, formação, igreja, culto e vida devocional são todas focadas na compreensão desses domínios do ponto de vista da natureza cognitiva e psicossocial das pessoas. Portanto, a qualidade particular da obra e do reino de Deus no mundo, que é representada neste tipo de discussão, é a *imanência* de Deus. Isso quer dizer que estamos interessados nas maneiras como Deus se manifesta no mundo criado — mais particularmente na natureza das pessoas criadas e na interatividade humana na vida da igreja. Parte do que motiva este projeto é a suspeita de que a imanência de Deus nas interações humanas é facilmente ignorada ou minimizada pela teologia de banco de igreja. Atentar para ou ignorar a obra imanente de Deus na interatividade da vida humana tem consequências importantes. Como escreveu a teóloga Mildred Bangs Wynkoop: "Nossas crenças sobre a natureza humana e a graça de Deus, então, terão relação direta com o tipo de vida cristã que experimentamos".[7]

Nenhum discurso humano ou discussão pode fazer justiça à totalidade de Deus. A esse respeito, percebemos que deixamos de dizer neste livro muito sobre a atividade transcendente de Deus no mundo. Falamos pouco sobre a obra totalmente independente de Deus em sua criação e, particularmente, na vida dos cristãos e da igreja. Não é que não acreditemos na atividade transcendente de Deus no mundo. No entanto, os pontos que desejamos que nossos leitores compreendessem melhor são sobre a natureza da obra imanente de Deus na vida física, cognitiva e social dos seres humanos. O conceito de extensão cognitiva e expansão da vida cristã é sobre como Deus, por meio do Espírito, opera na vida interativa dos cristãos e na vida das igrejas e congregações.

Confessamos que somos levados a considerar a obra imanente de Deus nos assuntos da vida humana por duas razões importantes. Primeiro, nós dois somos psicólogos — Brad é psicólogo clínico e Warren é neuropsicólogo experimental. Nossa experiência no campo da psicologia nos leva a investigar a dinâmica da vida humana, incluindo os fenômenos que cercam a cognição estendida e suas implicações para a vida cristã. Estamos profundamente interessados na interseção de como a existência humana impacta

---

[7] Mildred Bangs Wynkoop, *Foundations of Wesleyan-Arminian Theology* [Fundamentos da teologia wesleyana-arminiana], (Kansas City, MO: Beacon Hill Press, 1967), p. 109.

a fé e a prática cristãs. Em segundo lugar, nós dois somos teologicamente wesleyanos. Desse modo, naturalmente tendemos a pensar sobre a dinâmica da liberdade humana: ações, escolhas e responsabilidades.

Quando alguns grupos ouvem nossas apresentações sobre cognição incorporada, inserida e estendida e vida cristã, inevitavelmente perguntam: "Onde está o Espírito Santo?". Normalmente, assumimos que eles estão pressupondo mais do que estão explicitamente perguntando. Eles geralmente estão pressupondo que nosso modelo soa muito humanista, reducionista ou materialista — como se, de alguma forma, todos esses processos estivessem acontecendo fora da graça e da atividade de Deus e que estivéssemos caindo em uma espécie de abordagem pelagiana do cristianismo (ou seja, uma justiça baseada em obras).

Viemos a compreender que essa pergunta só pode ser respondida a partir de uma posição ou tradição teológica particular.[8] Isso ocorre porque as diferentes tradições cristãs têm maneiras distintas de entender o papel do Espírito Santo na vida humana e a consequente relação entre a intervenção divina e a responsabilidade humana. Por exemplo, pessoas que nos ouvem em palestras (ou leem nosso livro anterior) e perguntam: "Onde está o Espírito Santo?", estão frequentemente operando a partir de uma tradição cristã que enfatiza a pecaminosidade inerente à natureza humana e nossa incapacidade de realizar qualquer coisa à parte de uma intervenção sobrenatural do Espírito. Esse tipo de "teísmo sobrenatural",[9] muitas vezes, leva cristãos a usar uma linguagem do Espírito que não é encontrada no Novo Testamento, como "render-se a" ou "possuído por", em vez da verdadeira linguagem usada no Novo Testamento, "cheio de".[10] Portanto, em vez

---

[8] Para discussões sobre a importância das tradições teológicas no diálogo entre psicologia e teologia, veja Steven J. Sandage e Jeannine K. Brown, *Relational Integration of Psychology and Christian Theology: Theory, Research, and Practice* [Integração relacional de psicologia e teologia cristã: teoria, pesquisa e prática] (Nova York: Routledge, 2018); Brad D. Strawn; Ron Wright; Paul Jones, "Tradition-Based Integration: Illuminating the Stories and Practices That Shape Our Integrative Imaginations", *Journal of Psychology & Christianity* 33, nº 4 (2014): 300-310; e Ron Wright; Paul Jones; Brad Strawn, "Tradition-Based Integration", em *Christianity & Psychoanalysis: A New Conversation* [Cristianismo e psicanálise: uma nova conversa], orgs. Earl D. Bland e Brad D. Strawn (Downers Grove, IL: InterVarsity Press, 2014), p. 37-54.

[9] Marcus Borg, *The God We Never Knew: Beyond Dogmatic Religion to a More Authentic Contemporary Faith* [O Deus que nunca conhecemos: além da religião dogmática para uma fé contemporânea mais autêntica] (São Francisco: HarperCollins, 2009), p. 12.

[10] Wynkoop, *Foundations of Wesleyan-Arminian Theology* [Fundamentos da teologia wesleyana-arminiana], p. 111.

de o Espírito ser algo que vem de fora da experiência humana e ao qual os seres humanos devem "render-se", talvez o Espírito "encha" a experiência humana, especialmente aquelas experiências nas quais as pessoas estendem suas próprias vidas às vidas umas das outras.

É, portanto, o Espírito, o próprio Deus, que desenvolve o trabalho contínuo de santificação na vida do cristão e, da perspectiva da tradição wesleyana, isso aponta para o desenvolvimento e a obtenção dos frutos do Espírito. Além disso, isso não significa uma supressão da natureza ou criação humana pelo Espírito, embora a criação deva ser dedicada, purificada e disciplinada. Deus em Cristo Jesus e por meio do Espírito redime a criação, desperta a natureza moral humana e convida a participação do homem na obra escatológica de fazer novas todas as coisas. Essa interação divino-humana é uma espécie de renovação recíproca, uma espécie de "terceiridade"[11] na qual o Espírito emerge. Isso nunca é imposto à pessoa, mas é de fato uma espécie de "graça responsável",[12] da qual os seres humanos podem participar plenamente com Deus em processos localizados dentro dos meios de criação que Deus estabeleceu desde o início. Vemos e entendemos os processos dos quais os humanos podem participar com Deus como uma espécie de "cosmologia imanente"[13] no próprio coração da criação. Assim, não estamos tentando converter o leitor a nenhuma tradição teológica em particular; apenas tentamos explicar nossa abordagem, na esperança de que ele encontre maneiras de pensar sobre essas ideias à luz de sua própria tradição teológica.

Isso nos traz de volta às ideias sobre as maneiras pelas quais uma vida cristã é ampliada pela extensão da vida a um contexto congregacional — um contexto que é, em certo sentido, muito humano, mas também capaz de incorporar coletivamente a obra imanente de Deus. Acreditamos que o Espírito de Deus é (pode ser, deveria ser) particularmente manifesto no

---

[11] Para uma compreensão teológica, psicoterapêutica e psicanalítica complexa da terceiridade e do Espírito, ver Marie T. Hoffman, *Toward Mutual Recognition: Relational Psychoanalysis and the Christian Narrative* [Em direção ao reconhecimento mútuo: psicanálise relacional e a narrativa cristã] (Nova York: Routledge, 2011).

[12] Ver Randy L. Maddox, *Responsible Grace: John Wesley's Practical Theology* [Graça responsável: teologia prática de John Wesley] (Nashville: Kingswood Books, 1994) para um olhar aprofundado sobre a teologia wesleyana e particularmente sobre a interação divino-humana.

[13] Michael Lodahl, "The Cosmological Basis for John Wesley's 'Gradualism'", *Wesleyan Theological Journal* 32, nº 1 (1997): 17-32.

espaço interativo entre os cristãos e dentro das congregações. Essa incorporação e essa extensão coletiva entre os cristãos (ou seja, a igreja) é que informam a nossa compreensão da ideia wesleyana de alguém estar "cheio do Espírito". Por mais incompleta que nossa análise possa ser, acreditamos que esta discussão sobre cognição estendida e vida cristã fornece alguma base para a compreensão de Mateus 18:20: "Porque, onde estiverem dois ou três reunidos em meu nome, ali estou no meio deles".

Capítulo 10

Metáforas de um novo paradigma

As ideias sobre a vida cristã que discutimos neste livro são novas e não intuitivamente óbvias, especialmente para nós, que fomos aculturados por uma maneira de pensar sobre a vida cristã fortemente individualista. O que apresentamos ao longo do livro não é a maneira como fomos ensinados a compreender a nós mesmos, nossos corpos ou nosso relacionamento com o corpo de pessoas, que é a igreja. A ideia de uma vida cristã que se estende para além do *self* é uma mudança de paradigma.

Dentro desse novo paradigma, uma implicação importante é que os processos mentais são *intrinsecamente* estendidos (sempre operativos no processamento mental) e não apenas *secundariamente* estendidos (um aprimoramento adicionado quando, de outra forma, um problema não pode ser resolvido). Conforme descrevemos, embora a extensão seja dinâmica, mudando sua configuração a cada momento, não deve ser entendida como "em acréscimo a" tudo o que se passa no cérebro, mas como parte integrante do processamento mental humano. Embora os processos mentais pareçam operar dentro dos sistemas cérebro/corpo de um indivíduo isolado, esses processos baseiam-se na simulação de interações previamente experimentadas com artefatos ambientais, outras pessoas e/ou informações derivadas de fontes externas (*wikis* mentais). Assim, o pensar é sempre estendido, de alguma forma, para além da pessoa. Embora muito tenha sido aprendido com o modelo anterior da mente humana (ou seja, o modelo de processamento de informações baseado na analogia do cérebro como computador), o contexto mais amplo está sendo remodelado de forma que muda o que pensamos sobre "o pensar" e, em última análise, nossa visão da vida humana.

Da mesma forma, parte dessa mudança de paradigma é a compreensão de que a vida cristã como algo estendido não implica simplesmente um acréscimo útil a tudo o que acontece dentro da pessoa — algo que seria bom incorporar, mas não se revela essencial. Em vez disso, estamos argumentando que a vida cristã (e o que consideramos "espiritualidade") é inerente e inevitavelmente estendida a pessoas e processos que estão fora de nós. A vida cristã não pode ser pensada como existindo em um vazio que não inclui o que está acontecendo no espaço entre a pessoa e a vida do povo de Deus. A vida cristã estendida não é um sinal externo de algum estado interno, mas *é* a coisa designada como a "fé cristã" ou a "espiritualidade" de uma pessoa.

O quadro referencial que defendemos implica também uma mudança em nossa compreensão do objetivo da vida cristã. Se o objetivo é a salvação individual de pessoas, então o alvo principal é algo único e específico para cada pessoa. Se o objetivo é acerca do povo de Deus e do reino de Deus, então o objetivo não trata, primeiro e sobretudo, de pessoas individualmente. Trata-se da rede de extensão recíproca, que forma o corpo de Cristo. Essa rede é significativa tanto como sinal corporativo da presença de Deus quanto como braço da obra de Deus no mundo.

Muito do que temos considerado foi enquadrado no contexto de enriquecer (expandir) a vida cristã dos indivíduos. No entanto, assim que ampliamos um pouco nossa visão, percebemos que isso envolve inescapavelmente a rede mais ampla de extensões recíprocas dentro de uma congregação e traz à tona a questão do objetivo final de qualquer expansão. O objetivo principal é o vigor da vida e da obra do corpo de Cristo, e não o *status* espiritual individual. Portanto, no que diz respeito ao indivíduo, seu objetivo é algo como: "em que o corpo particular de Cristo, do qual sou parte, precisa de mim para participar da obra de Deus neste corpo de cristãos e na comunidade local?".[1] E, como já descrevemos, esse compromisso com a comunidade de cristãos tem o valor recíproco acrescentado de enriquecer a contínua formação da vida cristã das pessoas envolvidas.

---

[1] O pensamento que dá origem a essa questão está relacionado com a discussão sobre virtude por Alasdair MacIntyre em *Depois da Virtude*.

CONDUZINDO UM GRANDE NAVIO

Uma ilustração de cognição estendida de outro domínio pode facilitar na compreensão de nosso paradigma sobre como pensar acerca da vida cristã e da igreja. Edwin Hutchins, em seu livro *Cognition in the Wild* [Cognição na natureza], ilustra a extensão cognitiva e as características de uma rede interativa de extensão da forma como ocorre na navegação de um grande navio da marinha.[2] Oferecemos essa ilustração para demonstrar exemplos específicos de extensão cognitiva e como operam juntos para realizar uma tarefa colaborativa altamente complexa, e também como uma *metáfora conceitual*[3] da igreja (veja mais sobre este último ponto mais adiante).

Hutchins descreve os complexos processos e procedimentos que ocorrem na ponte de comando e se revelam necessários para conduzir com sucesso um grande navio da marinha. Ele descreve, em grande detalhe, a rede altamente complexa e dinâmica de formas de extensão cognitiva que resultam em uma navegação precisa. Essas extensões envolvem instrumentos e interações interpessoais, convergindo para a realização de uma tarefa que não está ao alcance de uma única pessoa. Ele também descreve a forma como todo esse processo é estruturado e guiado pelas *wikis* de séculos de conhecimento acumulado sobre os processos de uma navegação eficiente de um barco no mar. Em uma série bem orquestrada de operações envolvendo um número de diferentes indivíduos, cada qual operando com instrumentos diferentes, são determinadas a posição e a trajetória imediatas do navio, e são tomadas decisões sobre todas as alterações necessárias para se conduzir o navio rumo ao seu destino.

Por exemplo, Hutchins descreve uma série de instrumentos que tornam robusto o processo de fixar a posição do navio. Um deles, denominado *alidade*, é um instrumento semelhante a um telescópio que o

---

[2] Edwin Hutchins, *Cognition in the Wild* [Cognição na natureza] (Cambridge, MA: MIT Press, 1995).
[3] A linguística moderna avançou com a ideia de uma "metáfora conceitual", que é diferente da ideia anterior de uma palavra ou frase metafórica (referida como uma "metáfora de imagem"), na medida em que serve para mapear um grande corpo de conhecimento para o domínio a ser ilustrado e compreendido. Para saber mais sobre isso, veja George Lakoff, "Conceptual Metaphor", em *Cognitive Linguistics: Basic Readings* [Linguística cognitiva: leituras básicas], org. Dirk Geeraerts (Berlim, Alemanha: Mouton de Gruyter, 2006), p. 189-96.

operador alinha com um ponto em terra e, em seguida, lê a direção da bússola para o objeto e seu ângulo em relação ao eixo central do navio. Essas informações são fornecidas às pessoas que trabalham com a carta náutica. Sem esse instrumento de extensão observacional, a relação do navio com o ponto de referência só poderia ser representada de uma forma pouco precisa, insuficiente para uma navegação perfeita. O processamento mental estendido, propiciado pela alidade, permite que esse membro da tripulação em particular contribua com algo crítico para o processo de navegação em curso.

Outro conjunto de ferramentas que ampliam o processo cognitivo de navegação são as cartas náuticas disponíveis. Os grandes navios da marinha levam cerca de cinco mil cartas diferentes. Cada carta contém uma grande quantidade de informações sobre linhas costeiras, profundidade da água, perigos, configurações de portos etc., que não poderiam ser razoavelmente montadas durante a vida de qualquer navegador ou grupo de navegadores. A informação cartográfica estende e reforça significativamente os processos cognitivos de navegação. Na carta relevante em dado momento, um instrumento chamado *estaciógrafo* (um dispositivo semelhante a um transferidor) é usado para construir linhas a partir das informações sobre a posição relativa de vários pontos de referência das observações da alidade. Na carta, essas linhas se cruzarão na posição exata do navio. O estaciógrafo estende a cognição ao incorporar cálculos matemáticos ao próprio instrumento, de forma que não tenham de ser feitos no momento pelo navegador. A alidade, as cartas e o estaciógrafo são apenas alguns itens do complexo conjunto de instrumentos disponíveis, que estendem e otimizam os processos cognitivos de navegação.

A navegação eficiente também envolve a interação de muitos indivíduos, cada qual estendendo de alguma forma o processamento cognitivo de outros indivíduos e, portanto, fortalecendo o trabalho do grupo como um todo. Dessa forma, os eventuais processos de tomada de decisão do capitão são robustamente consolidados ao serem estendidos aos processos de toda a ponte de comando. Essa rede interativa de pessoas que realizam a navegação geralmente inclui cerca de dez pessoas, tais como navegador, navegador assistente, *plotter* de navegação e cronometrista, operadores de alidade de bombordo e estibordo, operador de fatômetro e o contramestre de guarda, que atua como timoneiro. Cada um tem funções e habilidades diferentes e, a qualquer momento, detém uma parte diferente das informações críticas. Todos eles precisam acoplar seu trabalho e conhecimento a uma rede interativa que funcione de maneira estável, a fim de fixar uma posição atualizada e fazer ajustes de navegação, em alguns casos a cada três minutos.

Assim, vários indivíduos sabem como realizar diferentes processos ou como usar corretamente vários instrumentos específicos. O resultado crítico de uma navegação precisa é uma propriedade que emerge não do conhecimento individual, ou de processos de observação, ou de cálculos, mas do trabalho interativo de todo o grupo. Para um processo de navegação eficiente, o que está dentro da cabeça de qualquer participante em particular (em termos de profundidade de conhecimento geral sobre navegação ou outros aspectos da náutica) não é criticamente importante, desde que cada pessoa execute seu processo específico em tempo hábil e de maneira precisa, contribuindo para guiar o navio com segurança rumo ao seu destino. Como Merlin Donald coloca em sua discussão sobre a coletividade da mente: "Fazemos nosso trabalho intelectual mais importante como membros conectados de redes culturais (...). Indivíduos sozinhos raramente desempenham um papel indispensável".[4]

Também é importante ter em mente que o nível máximo de preocupação é com o navio todo, e não com os indivíduos, embora cada indivíduo tenha um papel importante a desempenhar. O indicador de sucesso é a navegação precisa e segura do navio, não algo sobre o trabalho de marinheiros individuais. E a ponte de comando, com seus processos de navegação, é apenas um dos muitos sistemas que servem ao trabalho e à vida do navio, e que devem funcionar bem para que o navio cumpra a missão pretendida.

PROJETANDO NAVES ESPACIAIS

Começamos este livro com uma história sobre "figuras ocultas" — as mulheres matemáticas afro-americanas envolvidas na engenharia dos

---

[4] Merlin Donald, *A Mind So Rare: The Evolution of Human Consciousness* [Uma mente tão rara: a evolução da consciência humana] (Nova York: Norton, 2001), p. 298.

primeiros foguetes e cápsulas espaciais dos projetos espaciais Mercury, Gemini e Apollo da NASA, na década de 1960. Embora ocultas (por motivos de racismo), elas desempenharam papel fundamental dentro do sistema de engenharia como um grupo ao qual os engenheiros da NASA podiam estender-se cognitivamente para desenvolver e expandir seu trabalho. Como os membros de uma equipe de navegação na ponte de comando de um navio, essas mulheres faziam parte de uma rede cognitiva interativa mais ampla, capaz de resolver problemas de maneira eficiente e oportuna, que estariam além da capacidade de um único indivíduo.

É interessante considerar o impacto da segregação dessas mulheres matemáticas no porão de outro edifício. Além das questões de justiça social por trás desse arranjo, o projeto foi impactado negativamente pela ausência de acoplamento cognitivo e aprimoramento envolvidos em mais interatividade e *feedback* diretos. Parte da trama do filme é como esse arranjo teve de ser superado para que o trabalho cognitivo do projeto fosse expandido de maneiras que só poderia ser com, pelo menos, uma das mulheres presente nas discussões.

NAVIOS, NAVES ESPACIAIS E IGREJAS

Essas duas ilustrações — navegar um navio e projetar cápsulas espaciais — não são metáforas sobre cognição estendida, mas exemplos reais. No entanto, esses cenários de navegação e engenharia espacial também podem ser úteis como metáforas conceituais mais amplas para refletirmos sobre a extensão de nossa vida cristã dentro da vida de uma igreja, e a relação de nossas vidas estendidas com a missão da igreja. Ou seja, considerar essas ilustrações metáforas conceituais mais amplas sugere o papel de indivíduos dentro de igrejas e o poder de extensões cognitivas recíprocas para impulsionar a missão da igreja dentro do reino de Deus.

Usamos o navio ou o projeto de *design* da nave espacial para mapear algo sobre um corpo *local* de Cristo. O corpo dispõe de recursos: ferramentas, habilidades, conhecimento, sabedoria e tradições, bem como pessoas que têm um papel a cumprir. Nós comparamos o conduzir o navio ou o avançar o projeto de *design* ao papel da igreja em participar da atividade de Deus no mundo. Todos os membros da congregação precisam formar uma rede de extensão recíproca que funcione bem e se concentre em se tornar povo vivificante de Deus, um povo que participa da obra de Deus no mundo. O trabalho no qual uma congregação se concentra é tanto interno (a vida da congregação) como externo (a obra de Deus na comunidade mais ampla da qual a igreja faz parte).

Os recursos (artefatos) disponíveis aos corpos eclesiais são, em geral, comuns, e seu papel em edificar a vida do corpo é frequentemente ignorado. Ferramentas que enriquecem a vida e o trabalho da igreja podem incluir um edifício e seus móveis (santuário e outros espaços), recursos materiais para pregação e ensino, meios de comunicação (de telefone a textos no Facebook), meios de apresentação digital (como PowerPoint, para utilização em serviços), instrumentos musicais, salas de reunião, cozinha, parques de estacionamento, parques e equipamentos infantis e, claro, dinheiro. Esses instrumentos estão disponíveis para serem utilizados por pessoas de maneira a edificar a vida do corpo.

Pessoas da congregação interagem com os instrumentos e umas com as outras de maneira que (assim se espera) enriqueça a vida e o ministério da congregação e, no processo, enriqueça a vida cristã de seus membros. Assim como a navegação acurada emerge do trabalho interativo das pessoas na ponte de comando de um navio, ou o *design* eficiente de uma nave espacial é o produto da mente coletiva de muitos (incluindo o grupo oculto de matemáticas), uma vida robusta conjunta de uma congregação e a participação efetiva na obra de Deus na comunidade local emergem da vida e do trabalho interativo dos membros da congregação usando quaisquer instrumentos e recursos interativos disponíveis.

Uma metáfora contrastante com aquela do processo interativo de navegação de um navio seria a imagem de pessoas individuais, cada qual em seu pequeno barco, remando de modo estabanado, tentando chegar a algum destino a partir de suas próprias habilidades e esforços individuais. Elas teriam muito menos chance de encontrar o destino e muito menor valor, como indivíduos, se por acaso lá chegassem. Da mesma forma, nem mesmo muito tempo gasto em um trabalho individual de engenharia não resultará em um projeto de cápsula espacial completo ou adequado.

CONGREGAÇÕES COMO CORPOS

Uma metáfora diferente para a vida da igreja, muito parecida com a nossa metáfora de navegação, é oferecida por Paulo em Romanos 12:4-8. Nesse texto, Paulo compara a igreja e seus congregantes a um corpo humano físico. Na verdade, o uso do termo "corpo de Cristo" para designar a igreja é uma referência à metáfora paulina do corpo. Todos pertencemos ao mesmo corpo, mas cada um tem um lugar e uma função diferentes no funcionamento desse corpo. Como exemplos desses papéis (dons, habilidades), Paulo inclui profecia, serviço, ensino, encorajamento, contribuição, liderança e mostrar misericórdia.

É claramente ilustrada por essa analogia a noção de que o *telos* da participação de cada pessoa é para que o corpo como um todo seja capaz de trabalhar efetivamente para alguma finalidade. Assim, ele argumenta, implicitamente, contra o tipo de individualismo que se concentra na espiritualidade individual. Em vez disso, a ênfase está na forma como cada um se encaixa na rede que funciona para promover a missão do reino de Deus. Esse reconhecimento da singularidade dos dons de uma pessoa também é um argumento contra o modelo de ministério de tamanho único [*one-size--fits-all*]. Diferentes indivíduos têm diferentes dons e, portanto, desempenham diferentes funções importantes para o todo. Isolados do contexto de uma rede de extensão recíproca em um funcionamento harmonioso dentro de um grupo de cristãos, que compartilham a vida juntos, os papéis descritos por Paulo têm pouco a oferecer à missão de manifestar a presença e a obra de Deus no mundo.

Essa mesma metáfora é retomada por Paulo em 1Coríntios 12:4-31. Aqui há uma ênfase ainda maior na inadequação do foco em contribuições, papéis ou *status* espirituais independentes dos indivíduos. Embora diferentes partes do corpo recebam maior ou menor atenção no que diz respeito à atividade desenvolvida (por exemplo, mãos *versus* pés), todas fazem parte do mesmo corpo, contribuindo de maneiras diferentes para a vida da pessoa. Aqui, até mesmo as partes mais fracas ou menos honrosas são tidas como de vital importância para a vida do corpo. A passagem toda está focada na contribuição de muitos indivíduos dentro de uma rede interativa de extensão cognitiva com o objetivo de enriquecer a vida e a obra do corpo de Cristo. Embora possamos imaginar benefícios colaterais consequentes na formação continuada dos indivíduos participantes, a importância dessas passagens é a vida e a vitalidade de todo o corpo.

    Quanto à nossa vida cristã, a possibilidade de extensão cognitiva e acoplamento *soft* com o que está disponível fora de nós (instrumentos e artefatos, outras pessoas e *wikis*) sugere onde uma vida cristã mais robusta pode ser encontrada. Também sugere o que pode ser o valor particular de redes de vida cristã comunais estendidas e dinamicamente acopladas em relação ao reino de Deus em nossas comunidades locais. Frequentemente, sofremos da mesma ilusão que os engenheiros da NASA quanto à distinção e à individualidade de seu trabalho. Ao permitir que uma parte importante do trabalho permanecesse oculta, eles foram menos produtivos do que precisavam ser. À medida que a história ia se desenrolando, por extensão e incorporação de, pelo menos, uma dessas mulheres mais diretamente na rede interativa, a mente coletiva do grupo do projeto foi enriquecida. Assim, ao concluir, levantamos a seguinte questão: o que tem permanecido oculto que, se reconhecêssemos e estendêssemos nossas vidas a isso, seria capaz de enriquecer nossa vida cristã, tanto corporativa como individualmente?

BIBLIOGRAFIA

ARON, Lewis. *A Meeting of Minds: Mutuality in Psychoanalysis* [Um encontro de mentes: mutualidade em psicanálise]. Hillsdale, NY: The Analytic Press, 1996.

BALSWICK, Jack O.; KING, Pamela Ebstyne; REIMER, Kevin S. *The Reciprocating Self: Human Development in Theological Perspective*, 2nd ed [O eu recíproco: desenvolvimento humano em perspectiva teológica, 2. ed.]. Downers Grove: InterVarsity Press, 2016.

BAUMEISTER, Juan Carlos; PAPA, Guido; FORONI, Francesco. "Deeper than Skin Deep: The Effect of Botulinum Toxin-A on Emotion Process." *Toxicon* 118 (2016): 86-90. https://www.sciencedirect.com/science/article/pii/S0041010116301179?via%3Dihub.

BELLAH, Robert et al. *Habits of the Heart: Individualism and Commitments in American Life* [Hábitos do coração: individualismo e compromissos na vida americana]. Nova York: Harper & Row, 1985.

BENJAMIN, Jessica. "Beyond Doer and Done To: An Intersubjective View of Thirdness." *The Psychoanalytic Quarterly* 73 (2004): 4-56.

BOLSINGER, Tod E. *It Takes a Church to Raise a Christian: How the Community of God Transforms Lives* [É preciso haver uma igreja para criar um cristão: como a comunidade de Deus transforma vidas]. Grand Rapids: Brazos Press, 2004.

BONHOEFFER, Dietrich. *Life Together: The Classic Exploration of Faith in Community* [Vida em comum: a clássica exploração da fé em comunidade]. Nova York: Harper & Row, 1954.

BORG, Marcus. *The God We Never Knew: Beyond Dogmatic Religion to a More Authentic Contemporary Faith* [O Deus que nunca conhecemos: além da religião dogmática para uma fé contemporânea mais autêntica]. São Francisco: HarperCollins, 2009.

BRODERICK, Carlfred B. *Understanding Family Process: Basics of Family Systems Theory* [Noções básicas sobre o processo familiar: conceitos básicos da teoria dos sistemas familiares]. Thousand Oaks, CA: Sage Publications, 1993.

BROWN, Warren S. "Resonance: A Model for Relating Science, Psychology, and Faith". *Journal of Psychology and Christianity* 23 (2004): 110-20.

_____. "The Brain, Religion, and Baseball: Comments on the Potential for a Neurology of Religion." In: *Where God and Science Meet: How Brain and Evolutionary Studies Alter Our Understanding of Religion; Volume II: The Neurology of*

Religious Experience [Onde Deus e a ciência se encontram: como os estudos do cérebro e da evolução alteram nossa compreensão da religião; Volume II: A neurologia da experiência religiosa], organizado por Patrick McNamara, p. 229-44. Westport, CT: Praeger Publishers, 2006.

BROWN, Warren S.; MARION, Sarah D.; STRAWN, Brad D. "Human Relationality, Spiritual Formation, and Wesleyan Communities". In: *Wesleyan Theology and Social Science: The Dance of Practical Divinity and Discovery* [Teologia wesleyana e ciências sociais: a dança da divindade prática e da descoberta], organizado por M. Kathryn Armistead, Brad D. Strawn, and Ronald W. Wright, p. 95-112. Cambridge, UK: Cambridge University Press, 2010.

BROWN, Warren S.; MURPHY, Nancey; MALONY, Newton. Orgs. *Whatever Happened to the Soul? Scientific and Theological Portraits of Human Nature* [O que aconteceu com a alma? Retratos científicos e teológicos da natureza humana]. Minneapolis: Fortress Press, 1998.

BROWN, Warren S.; STRAWN, Brad D. *The Physical Nature of Christian Life: Neuroscience, Psychology, and the Church* [A natureza física da vida cristã: neurociência, psicologia e a igreja]. Cambridge, UK: Cambridge University Press, 2012.

BUECHLER, Sandra. *Still Practicing: The Heartaches and Joys of a Clinical Career* [Ainda praticando: as dores e alegrias de uma carreira clínica]. Nova York: Routledge, 2012.

CARY, Phillip. *Augustine's Invention of the Inner Self: The Legacy of a Christian Platonist* [A invenção do eu interior, de Agostinho: o legado de um cristão platônico]. Oxford, UK: Oxford University Press, 2000.

CHALMERS, David. "Facing Up to the Problem of Consciousness". *Journal of Consciousness Studies* 2, nº 3 (1995): 200-219.

CLAIBORNE, Shane; WILSON-HARTGROVE, Jonathan. *Becoming the Answer to Our Prayers: Prayers for Ordinary Radicals* [Tornando-nos a resposta às nossas orações: orações para radicais comuns]. Downers Grove, IL: InterVarsity Press, 2008.

CLAPP, Rodney. *Tortured Wonders: Christian Spirituality for People, Not Angels* [Maravilhas torturadas: espiritualidade cristã para pessoas, não anjos]. Grand Rapids: Brazos Press, 2004.

CLARK, Andy. *Being There: Putting Brain, Body, and World Together Again* [Estar lá: juntando cérebro, corpo e mundo novamente]. Cambridge, MA: MIT Press, 1997.

_____. *Natural Born Cyborgs: Minds, Technologies, and the Future of Human Intelligence* [Ciborgues por natureza: mentes, tecnologias e o futuro da inteligência humana]. Oxford, UK: Oxford University Press, 2003.

_____. *Supersizing the Mind: Embodiment, Action, and Cognitive Extension* [Expandindo a mente: corporização, ação e extensão cognitiva]. Oxford, UK: Oxford University Press, 2011.

CLARK, Andy; CHALMERS, David. "The Extended Mind", *Analysis* 58, nº 1 (1998): 7-19.

CUFFARI, Elena. "Keep Meaning in Conversational Coordination." *Frontiers in Psychology* 5 (2014): 1397. https://doi.org/10.3389/fpsyg.2014.01397.

CURTISS, Susan. *Genie: A Psycholinguistic Study of a Modern-Day "Wild Child"* [Genie: um estudo psicolinguístico de uma "criança selvagem" dos dias modernos]. Boston: Academic Press, 1977.

DAMASIO, Antonio. *The Feeling of What Happens: Body and Emotion in the Making of Consciousness* [O sentimento do que acontece: corpo e emoção na formação da consciência]. Nova York: Harcourt, 1999.

DENNETT, Daniel C. *Consciousness Explained* [Consciência explicada]. Little, NY: Brown & Co., 1991.

DIJKSTRA, Katinka; KASCHAK, Michael P.; ZWAAN, Rolf A. "Body Posture Facilitates Retrieval of Autobiographical Memories", *Cognition* 102 (2007): 139-49.

DONALD, Merlin. *A Mind So Rare: The Evolution of Human Consciousness* [Uma mente tão rara: a evolução da consciência humana]. Nova York: Norton, 2001.

DUMOUCHEL, Paul. "Emotions and Mimesis". In: *Mimesis and Science: Empirical Research on Imitation and the Mimetic Theory of Culture and Religion* [Mímesis e ciência: pesquisa empírica sobre imitação e a teoria mimética da cultura e religião], editado por Scott R. Garrels, p. 75-86. East Lansing, MI: Michigan State University Press, 2011.

EDELMAN, Gerald; TONONI, Giulio. *Consciousness: How Matter Becomes Imagination* [Consciência: como a matéria se torna imaginação]. Londres: Allen Lane, 2000.

FOSTER, Richard J. *Celebration of Discipline: The Path to Spiritual Growth* [Celebração da disciplina: o caminho para o crescimento espiritual]. São Francisco: Harper, 1988.

GALLAGHER, Shaun. "The Socially Extended Mind", *Cognitive Systems Research* 25-26 (2013): 4-12.

GLEICH, James. *Genius: The Life and Science of Richard Feynman* [Gênio: a vida e a ciência de Richard Feynman]. Nova York: Pantheon, 1992.

GREEN, Joel B. *Body, Soul, and Human Life: The Nature of Humanity in the Bible* [Corpo, alma e vida humana: a natureza da humanidade na Bíblia]. Grand Rapids: Baker Academic, 2008.

_____, org. *What About the Soul? Neuroscience and Christian Anthropology* [E a alma? Neurociência e antropologia cristã]. Nashville: Abingdon Press, 2004.

GREENO, James G. "The Situativity of Knowing, Learning, and Research", *American Psychologist* 53, n° 1 (1998): 5-26.

HALBERSTADT, Jamin et al. "Emotional Conception: How Embodied Emotion Concepts Guide Perception and Facial Action", *Psychological Science* 20, n° 10 (2009): 1254-61. https://journals.sagepub.com/doi/10.1111/j.1467-9280.2009.02432.x.

HEARD, William G. *The Healing Between: A Clinical Guide to Dialogical Psychotherapy* [A cura entre: um guia clínico para psicoterapia dialógica]. São Francisco: Jossey-Bass, 1993.

HEFNER, Philip; PEDERSON, Ann Milliken; BARRETO, Susan. *Our Bodies Are Selves* [Nossos corpos são *selfs*]. Eugene, OR: Cascade Books, 2015.

HESSLOW, Germund. "The Current Status of the Simulation Theory of Cognition",, *Brain Research* 1428 (2012): 71-79.

HOFFMAN, Marie T. *Toward Mutual Recognition: Relational Psychoanalysis and the Christian Narrative* [Em direção ao reconhecimento mútuo: psicanálise relacional e a narrativa cristã]. Nova York: Routledge, 2011.

HOFSTADTER, Douglas. *I Am a Strange Loop* [Eu sou um estranho *loop*]. Nova York: Basic Books, 2007.

HUTCHINS, Edwin. *Cognition in the Wild* [Cognição na natureza]. Cambridge, MA: MIT Press, 1995.

IGNATIUS, Saint. *The Spiritual Exercises of Saint Ignatius*. Traduzido por George E. Ganss. Chicago: Loyola Press, 1992. [Ed. Bras.: *Os exercícios espirituais de Santo Inácio*. São Paulo, SP: Edições Loyola, 1985].

JAMES, William. *Varieties of Religious Experience: A Study in Human Nature*. Nova York: The Modern Library, 1902. [Ed. bras.: *As variedades da experiência religiosa: um estudo sobre a natureza humana*. São Paulo: Cultrix, 2017.]

JEEVES, Malcolm A.; BROWN, Warren S. *Neuroscience, Psychology, and Religion: Illusions, Delusions, and Realities about Human Nature* [Neurociência, psicologia e religião: ilusões, delírios e realidades sobre a natureza humana]. West Conshohocken, PA: Templeton Foundation Press, 2009.

JEEVES, Malcolm A.; LUDWIG, Thomas E. *Psychological Science and Christian Faith: Insights and Enrichments from Constructive Dialogue* [Ciência psicológica e fé cristã: percepções e enriquecimentos a partir do diálogo construtivo]. West Conshohocken, PA: Templeton Foundation Press, 2018.

JOHNSON, Luke Timothy. *The Revelatory Body: Theology as Inductive Art*. Grand Rapids: Eerdmans, 2015.

JOHNSON, Mark L. *The Meaning of the Body: Aesthetics of Human Understanding.* Chicago [O significado do corpo: estética da compreensão humana]. Chicago: University of Chicago Press, 2007.

JONES, Alan. *Soul Making: The Desert Way of Spirituality* [Edificação de almas: o caminho da espiritualidade do deserto], São Francisco: HarperSanFrancisco, 1989.

JONKER, Peter. *Preaching in Pictures: Using Images for Sermons that Connect* [Pregação com imagens: usando imagens para sermões que conectam]. Nashville: Abingdon Press, 2015.

JUARRERO, Alicia. *Dynamics in Action: Intentional Behavior as a Complex System* [Dinâmica em ação: comportamento intencional como um sistema complexo]. Cambridge, MA: MIT Press, 1999.

KENSINGER, Elizabeth A. et al. "How Social Interactions Affect Emotional Memory Accuracy: Evidence from Collaborative Retrieval and Social Contagion Paradigms", *Memory & Cognition* 44, n° 5 (2016): 706-16. https://doi.org/10.3758/s13421-016-0597-8.

KERR, Fergus. *Theology After Wittgenstein.* 2. ed. Oxford, UK: Basil Blackwell Ltd., 1997.

KEYSERS, Christian. *The Empathic Brain: How the Discovery of Mirror Neurons Changes Our Understanding of Human Nature* [O cérebro empático: como a descoberta dos neurônios-espelho muda nossa compreensão da natureza humana]. Self-published, Amazon Digital Services, 2011. Kindle.

KRUGER, Tillmann H. C.; WOLLMER, M. Axel. "Depression—An Emerging Indication for Botulinum Toxin Treatment", *Toxicon* 107 (2015): 154-57. https://www.sciencedirect.com/science/article/pii/S0041010115300945?via%3Dihub.

LAKOFF, George. "Conceptual Metaphor". In: *Cognitive Linguistics: Basic Readings* [Linguística cognitiva: leituras básicas], editado por Dirk Geeraerts, p. 189-96. Berlim, Germany: Mouton de Gruyter, 2006.

LAKOFF, George; JOHNSON, Mark. *Philosophy in the Flesh: The Embodied Mind and Its Challenge to Western Thought* [Filosofia na carne: a mente incorporada e seu desafio para o pensamento ocidental]. Nova York: Basic, 1999.

LAKOFF, George; NUÑES, Rafael. *Where Mathematics Comes From: How the Embodied Mind Brings Mathematics Into Being* [De onde vem a matemática: como a mente incorporada traz a matemática à existência]. Nova York: Basic Books, 2000.

LEWIS, Thomas; AMINI, Fari; LANNON, Richard. *A General Theory of Love* [Uma teoria geral do amor]. Nova York: Random House, 2000.

LODAHL, Michael. "The Cosmological Basis for John Wesley's 'Gradualism'.", *Wesleyan Theological Journal* 32, n° 1 (1997): 17-32.

LOWRY, Eugene. *The Homiletic Plot: The Sermon as Narrative Art Form* [O enredo homilético: o sermão como forma de arte narrativa]. Louisville, KY: Westminster John Knox, 2001.

MACINTYRE, Alasdair. *After Virtue*. 2. ed. Notre Dame: University of Notre Dame Press, 1981. [Ed. Bras.: *Depois da virtude: um estudo em teoria moral*. São Paulo, SP: EDUSC, 2001.]

_____. *Dependent Rational Animals: Why Human Beings Need the Virtues* [Animais racionais dependentes: por que os seres humanos precisam das virtudes]. Chicago: Open Court, 1999.

MACKAY, Donald M. *Behind the Eye* [Atrás do olho]. Cambridge, MA: Basil Blackwell, 1991.

MADDOX, Randy L. *Responsible Grace: John Wesley's Practical Theology* [Graça responsável: teologia prática de John Wesley]. Nashville: Kingswood Books, 1994.

MAY, Gerald G. *Care of Mind, Care of Spirit: A Psychiatrist Explores Spiritual Direction* [Cuidado da mente, cuidado do espírito: um psiquiatra explora a direção espiritual]. São Francisco: HarperSanFrancisco, 1992.

MCADAMS, Dan. *The Redemptive Self: Stories Americans Live By* [O *self* redentor: histórias pelas quais os americanos vivem]. Nova York: Oxford University Press, 2005.

MCLUHAN, Marshall. *Understanding Media: The Extension of Man* [Entendendo a mídia: as extensões do homem]. Cambridge, MA: MIT Press, 1994.

MILLER, George A. "The Cognitive Revolution: A Historical Perspective", *Trends in Cognitive Sciences* 7, n° 3 (2003): 141-44.

MOLL, Rob. *What Your Body Knows About God: How We Are Designed to Connect, Serve and Thrive* [O que seu corpo sabe sobre Deus: como somos projetados para nos conectar, servir e florescer]. Downers Grove, IL: InterVarsity Press, 2014.

MURPHY, Nancey. *Bodies and Souls, or Spirited Bodies?* [Corpos e almas ou corpos espiritualizados?] Cambridge, UK: Cambridge Press, 2006.

MURPHY, Nancey; BROWN, Warren S. *Did My Neurons Make Me Do It? Philosophical and Neurobiological Perspectives on Moral Responsibility and Free Will* [Meus neurônios me obrigaram a fazer isso? Perspectivas filosóficas e neurobiológicas sobre responsabilidade moral e livre-arbítrio]. Oxford, UK: Oxford University Press, 2007.

NEWBIGIN, Lesslie. *The Gospel in a Pluralist Society* [O evangelho em uma sociedade pluralista]. Grand Rapids: Eerdmans, 1989.

BIBLIOGRAFIA

NIJHOF, Annabel D.; WILLENS, Roel M. "Simulating Fiction: Individual Differences in Literature Comprehension Revealed with fMRI", *PLoS One* 10, nº 2 (2015): e0116492. https://doi.org/10.1371/journal.pone.0116492.

ORANGE, Donna M.; ATWOOD, George A.; STOROLOV, Robert D. *Working Intersubjectively: Contextualism in Psychoanalytic Practice* [Trabalhando intersubjetivamente: contextualismo na prática psicanalítica]. Hillsdale, NJ: The Analytic Press, 1997.

OWENS, Tara M. *Embracing the Body: Finding God in Our Flesh and Bones* [Abraçando o corpo: encontrando Deus em nossa carne e ossos]. Downers Grove, IL: InterVarsity Press, 2015.

PAULSELL, Stephanie. *Honoring the Body: Meditations on a Christian Practice* [Honrando o corpo: meditações em uma prática cristã]. São Francisco: Jossey-Bass, 2002.

PEDERSON, Brent. *Created to Worship: God's Invitation to Become Fully Human* [Criado para adorar: o convite de Deus para se tornar totalmente humano]. Kansas City, MO: Beacon Hill Press, 2012.

PROFFITT, Dennis R. "Embodied Perception and the Economy of Action", *Perspectives on Psychological Science* 1, nº 2 (2006): 110-22.

QUARTZ, Steven; SEJNOWSKI, Terrence J. *Liars, Lovers, and Heroes: What the New Brain Science Reveals About How We Become Who We Are* [Mentirosos, amantes e heróis: o que a nova ciência do cérebro revela sobre como nos tornamos quem somos]. Nova York: William Morrow, 2003.

RAJARAM, Suparna; PEREIRA-PASARIM, Luciane P. "Collaborative Memory: Cognitive Research and Theory". In: *Perspectives on Psychological Science* 5, nº 6 (2010): 649-63. https://doi.org/10.1177/1745691610388763.

RENOVARÉ. "Spiritual Formation". https://renovare.org/about/ideas/spiritual-formation.

RICHARDS, E. Randolph; O'BRIEN, Brandon J. *Misreading Scripture with Western Eyes: Removing Cultural Blinders to Better Understand the Bible* [Lendo erradamente as Escrituras com olhos ocidentais: removendo as cortinas culturais para melhor compreender a Bíblia]. Downers Grove, IL: InterVarsity Press, 2012.

SANDAGE, Steven J.; BROWN, Jeannine K. *Relational Integration of Psychology and Christian Theology: Theory, Research, and Practice* [Integração relacional de psicologia e teologia cristã: teoria, pesquisa e prática]. Nova York: Routledge, 2018.

SCORGIE, Glen. "Overview of Christian Spirituality", In: *Dictionary of Christian Spirituality*, editado por Glen Scorgie, p. 27-33. Grand Rapids: Zondervan, 2011.

SENGHAS, Ann; KITA, Sotaro; ÖZYÜREK, Asli. "Children Creating Core Properties of Language: Evidence from an Emerging Sign Language in Nicaragua", *Science* 305 (2004): 1779-82.

SHAPIRO, Fred R. *The Yale Book of Quotations* [O livro de citações de Yale]. New Haven, CT: Yale University Press, 2006.

SHIRKY, Clay. *Cognitive Surplus: Creativity and Generosity in a Connected Age* [Excedente cognitivo: criatividade e generosidade em uma era conectada]. Nova York: Penguin Press, 2010.

SPEER, Nicole K. et al. "Reading Stories Activates Neural Representations of Visual and Motor Experiences", *Psychological Science* 20 (2009): 989-99. https://doi.org/10.1111/j.1467-9280.2009.02397.x.

STRAWN, Brad D.; WRIGHT, Ron; JONES, Paul. "Tradition-Based Integration: Illuminating the Stories and Practices That Shape Our Integrative Imaginations", *Journal of Psychology & Christianity* 33, nº 4 (2014): 300-310.

SUTTON, John et al. "The Psychology of Memory, Extended Cognition, and Socially Distributed Remembering", *Phenomenology and Cognitive Science* 9 (2010): 521-60. https://doi.org/10.1007/s11097-010-9182-y.

TAYLOR, Charles. *Sources of the Self: The Making of Modern Identity*. Cambridge, MA: Harvard University Press, 1989. [Ed. bras.: *As fontes do self: A construção da identidade moderna*. São Paulo: Edições Loyola, 2013].

TESKE, John A. "From Embodied to Extended Cognition", *Zygon* 48 (2013): 759-87.

THOMAS, Owen C. *Christian Life and Practice: Anglican Essays* [Vida e prática cristã: ensaios anglicanos]. Eugene, OR: Wipf & Stock, 2009.

_____. "Interiority and Christian Spirituality", *Journal of Religion* 80, nº 1 (2000): 41-60.

TRIBBLE, Evelyn. "Distributing Cognition in the Globe", *Shakespeare Quarterly* 56 (2005): 135-55.

VAN ORDER, Guy C.; HOLDEN, John G.; TURVEY, Michael T. "Self-Organization of Cognitive Performance", *Journal of Experimental Psychology* 132 (2003): 331-50.

VYGOTSKY, Lev S. The Genesis of Higher Mental Functions. Vol. 4, *The History of the Development of Higher Mental Functions* [A história do desenvolvimento das funções mentais superiores], editado por Robert W. Rieber. Nova York: Plennum, 1987.

WELKER, Michael. "We Live Deeper than We Think: The Genius of Schleiermacher's Earliest Ethics", *Theology Today* 56 (1999): 169-79.

WILLARD, Dallas. *Renovation of the Heart: Putting on the Character of Christ* [Renovação do coração: vestindo o caráter de Cristo]. Colorado Springs: NavPress, 2002.

WILSON, Jonathan R. *Why Church Matters: Worship, Ministry, and Mission in Practice* [Por que a Igreja é importante: culto, ministério e missão na prática]. Grand Rapids: Brazos Press, 2007.

WRIGHT, N. T. *After You Believe: Why Christian Character Matters* [Depois que você crê: por que o caráter cristão é importante]. Nova York: HarperCollins, 2010.

WRIGHT, Ron; JONES, Paul; STRAW, Brad "Tradition-Based Integration". In: *Christianity & Psychoanalysis: A New Conversation* [Cristianismo e psicanálise: um novo diálogo], editado por Earl D. Bland e Brad D. Strawn, p. 37-54. Downers Grove, IL: InterVarsity Press, 2014.

WYNKOOP, Mildred Bangs. *Foundations of Wesleyan-Arminian Theology* Theology [Fundamentos da teologia wesleyana-arminiana]. Kansas City, MO: Beacon Hill Press, 1967.

YALOM, Irvin. *The Theory and Practice of Group Psychotherapy*. 3. ed. [Teoria e prática da psicoterapia de grupo]. Nova York: Basic Books, 1985.

Índice Remissivo

acoplamento, *19, 89, 94, 96-98, 101*
  cognitivo, *91, 113, 203*
  interativo, *59, 92, 106, 131*
  soft, *93, 95, 97, 98, 101, 105, 107, 111, 114, 119, 120, 121, 129, 131, 133, 134, 135, 136, 138, 139, 141, 143, 144, 152, 158, 164, 176, 187*
adoração, *30, 39, 53, 54, 127, 133, 139, 140, 142*
agência híbrida, *149, 174*
agenda de Otto, *90-94, 96, 111*
alma, *17-18, 25, 31-32, 43-46, 48, 50-53, 55, 62-67, 69, 79-80, 82, 84, 85, 117, 120, 160, 162, 208-210*
altruísmo, *147-148*
batismo, *179*
canto, *38, 138, 140*
cartesiano, *65-66, 69, 80*
circuitos cognitivos híbridos, *93, 99*
cognição estendida, *12, 17, 18, 25, 36, 39, 90, 92, 128, 138, 170, 192, 195, 200*
cognição incorporada, *21, 69, 75, 76, 78, 79, 81, 106*
computador, *11, 15, 34, 66, 76, 80, 95, 99-101, 104, 162, 187, 198*
comunidade, *21, 26, 31, 39, 46, 54-58, 82, 126-129, 132, 137, 141-144, 158, 159, 163, 165-166, 181-182, 186, 199, 204, 206, 207*
conexão soft, *93, 96, 97, 101, 104-108, 110, 111, 120*
congregação, *25, 126, 127, 132, 133, 138-141, 145, 146, 151, 165, 182, 188, 191, 204*
consumismo, *30*
crença, *31, 37, 39, 127, 142, 162, 176, 177, 180, 192*

criação de significado, *114*
descorporificado, *45, 48-50, 52-54, 82, 85, 162*
devoções, *157, 159, 160, 164-166*
dualismo, *44, 45, 53, 58, 65, 67*
  cérebro-corpo, *69*
  corpo-alma, *32, 43, 45, 52, 63*
  corpo-mente, *65*
emoções, *53, 74-78, 82-84, 138, 139, 157*
enclaves de estilo de vida, *132*
Escrituras, *22, 33, 45, 129, 137, 138, 145, 152, 156, 158, 161, 166*
Espírito Santo, *22, 136, 193*
espiritualidade, *18, 25, 31-33, 37-39, 41-58, 62-63, 82, 120, 123, 125, 127, 125-152*
esquemas, *79, 116, 172-175, 177, 179, 182*
expandido, *98, 132, 145, 166*
eucaristia, *28-30, 133, 143, 179*
famílias, *110-112, 146, 149*
fidelidade, *135*
figuras ocultas, *15, 16, 37, 202*
filosofia da mente, *18, 19, 59, 65, 88*
fisicalismo, *66, 67*
formação, *17, 22, 30, 33-34, 43, 50, 55-56, 62, 96, 106, 111, 119-120, 126, 127, 130-132, 149, 166, 178, 192, 199, 201, 206*
Globe Theatre, *150, 151*
gnósticos, *44*
história, *15-17, 20, 22, 28, 37, 43, 45, 79, 80, 81, 88, 100, 109, 113, 130, 142, 146, 157, 170-177, 181-183*
igreja, *19-23, 26, 28-33, 37-39, 44-45, 48, 53, 56, 121, 123, 125-152, 158-160, 165-167, 176-179, 186-192, 203-205*
imanente, *20, 177, 192, 194*

incorporado, *21, 57, 76, 79, 85, 93 99, 104, 115*
incorporar, *37, 76, 92, 94, 99, 100, 171, 194, 199*
individualismo, *30-32, 38, 39, 48, 58, 132, 139, 145*
inserido, *34, 54, 56, 68, 78-81, 120, 135, 155, 159, 162*
instituições mentais, *115-117, 123, 137, 159, 170, 177, 180, 182*
inteligência, *13, 17, 19, 22, 59, 60, 75-77, 89, 99-101, 104, 105*
inteligência artificial, *75*
interdividual, 84
interface, *10, 59*
intersubjetividade, *117*
kanny mindware, 93
linguagem de sinais da Nicarágua, *113*
liturgia, *29, 38, 132-135, 140*
loops de *feedback*, *92, 94, 159*
memória colaborativa, *109, 110*
mente estendida, *36, 90, 92, 104, 106, 110, 112, 115, 119, 120, 136, 159, 199*
metáfora, *19, 20, 38, 55, 72, 124, 152, 159, 171, 200, 203, 205*
metafórico, *72*
narrativa, *22, 30, 117, 129, 132, 136, 142, 181, 182, 183, 194*
navegação, *170, 200-205*
neurônios-espelho, *71, 73, 78, 84, 115, 181*
nicho, *128, 148-152, 165, 174-175, 177, 179, 182, 183*
oração, *23*,l *47, 49, 129, 134-137, 154, 161, 166, 180, 187*
piedade, *17, 50, 131*

platônico, *44, 63*
pontos de plugagem, *99, 121, 189, 190*
práticas, *20-22, 39, 47, 50, 51, 84, 114-117, 123, 126-128, 131, 132, 143, 151, 152, 154, 158, 159, 165, 173, 174, 176, 177, 178*
pregação, *39, 133, 140-142*
processamento de informação, *66, 77, 106, 198*
protético, *97, 99*
psicoterapia, *117, 118, 120*
Renovaré, *47, 50, 51*
robôs, *78*
self, *11, 31-32, 44, 62, 68, 79-82*
Sermão da Montanha, *161*
simulação, *72-74, 77, 79, 181*
sistema de ação conjunta, *115*
sistemas de componentes dominantes, *107*
sistemas de interação dominante, *107*
sistemas dinâmicos, *68, 129*
sistema legal, *116*
teleologia, *115*
telepresença, *98*
teologia prática, *21, 33, 65*
teoria do apego, *119*
tradições, *20, 31, 140, 154, 158, 171, 173, 174, 176, 178, 187, 193*
transcendente, *10, 20, 46, 192*
vida cristã, *16-20, 22-23, 25-27, 29-33, 35, 37, 39, 43, 54-56, 58, 59, 120-121, 123, 126-133, 148-150, 154*
virada para dentro, *44, 63*
virtude, *23, 31, 112, 123, 143, 161, 173, 199, 212*
wiki mental, *170, 172, 174-175, 180*

Índice das Escrituras

VELHO TESTAMENTO

Salmos
44, *54*
67, *54*

NOVO TESTAMENTO

Mateus
4:19, *54*
5–7, *161*
7, *161*
7:16-18, *31*
7:21-23, *162*
12:22-37, *160*
18:20, *39*, *54*, *195*
23:25-26, *161*
25:31-46, *162*

Lucas
17:21, *54*

João
13:35, *139*

Romanos
5–8, *52*
8:26, *135*
12:4-8, *205*

1Coríntios
12, *152*
12:4-31, *205*
12:12-31, *38*
12:22-23, *131*

Hebreus
11, *167*
11–12, *167*
11:35-38, *167*
11:39-40, *167*
12:1, *167*

Índice de Nomes

Aron, Lewis, *118*
Agostinho, *44, 45, 62, 63, 64, 66, 208*
Bellah, Robert, *132*
Bolsinger, Tod, *132, 141*
Bonhoeffer, Dietrich, *129*
Chalmers, David, *89-92*
Claiborne, Shane, *136*
Clapp, Rodney, *42, 45, 50, 56-58, 128, 151, 165*
Clark, Andy, *13, 89-95, 97, 99, 100, 149, 150*
Dennett, Daniel, *65*
Descartes, René, *1, 45, 63, 76*
Donald, Merlin, *155, 156, 175, 202*
Feynman, Richard, *94, 95*
Foster, Richard, *47, 50, 51, 157*
Genie, *113*
Hutchins, Edwin, *89, 90, 93, 105, 126, 148, 170, 200*
James, William, *57*

Kerr, Fergus, *49*
MacKay, Donald, *106*
Mcintyre, Alasdair, *112, 127, 143, 173, 199*
McLuhan, Marshall, *89, 137*
Merton, Thomas, *49, 160*
Moon, Gary, *51*
Platão, *11, 44, 63*
Scorgie, Glen, *46-48, 56*
Shirky, Clay, *186-190*
São João da Cruz, *45*
Stelarc, *97-99*
Teresa de Ávila, *44*
Thomas, Owen, *44, 49, 52, 54, 161*
Turing, Alan, *100*
Tribble, Evelyn, *150*
Willard, Dallas, *50-52, 160*
Wilson, Jonathan, *127*
Wilson-Hartgrove, Jonathan, *136*
Yalom, Irvin, *146-147*

Este livro foi impresso pela Santa Marta, em 2021,
para a Thomas Nelson Brasil. A fonte do miolo é Lora.
O papel do miolo é pólen soft 70g/m2, e o da capa é
cartão 250g/m2.